TOM JEIER

TRUCKS

UND IHRE TRUCKER

Tom Jeier hat zahlreiche Romane, Sach- und Reisebücher verfasst. In der Trucker- und Country-Szene wird er seit vielen Jahren als kompetenter Mitarbeiter der Zeitschrift „Trucker" geschätzt. Auch für „Auto-Bild" und andere Publikationen schrieb er über die „Kutscher" und ihre Probleme. Über zwanzig Jahre gestaltete und moderierte er den „Country Club" auf Bayern 3.

Tom Jeier: Trucks und ihre Trucker

Einbandgestaltung: goa-systems gmbh, Remagen
Coverillustrationen: creafive
Layout und Satz: Print & Screen Productions GbR, Köln
Gesamtherstellung: area verlag gmbh, Erftstadt
Printed in China 2007

ISBN-13 978-3-89996-613-8
ISBN-10 3-89996-613-9

www.area-verlag.de

TOM JEIER

TRUCKS
UND IHRE TRUCKER

UNTER MITARBEIT VON RICHARD KIENBERGER

area

Inhalt

VASALL

SCANIA

BRAVE

Trucks Giganten der Technik

Trucks im täglichen Einsatz

Hier wird hart gearbeitet: auf Autobahnen, Landstraßen und abseits der befahrenen Routen auf Baustellen und in Kiesgruben. Bei drückender Hitze und eisiger Kälte, bei brennender Sonne und strömendem Regen, bei prasselndem Hagel und meterhohem Schnee. Der Job ist kein Zuckerschlecken. Ohne erfahrene Profis am Steuer und ohne technisch hochwertige Fahrzeuge wäre er nicht zu bewältigen. Auf dem Bock eines solchen Trucks würden sich selbst Rallyefahrer schwer tun.

◀◀ Mit seinem starken Antrieb über mehrere Achsen gehört der Scania T124 zu den idealen Fahrzeugen für die Holztransporte im skandinavischen Norden. Dort gibt es keinen Asphalt, und selbst die Forststraßen sind bei ungünstigen Witterungsverhältnissen kaum zu erkennen. Dafür gibt es keinen Gegenverkehr.

◀ Auch abseits der Autobahnen sind leistungsstarke Trucks im täglichen Einsatz. Mit robusten Spezialfahrzeugen bewältigen professionell geschulte Fahrer ihren anspruchsvollen Job. Sie müssen ihre Fahrzeuge und ihr Metier genau kennen, um den hohen Anforderungen gewachsen zu sein.

SAVANN
no 17
ANNAH, G S.A. no16
EVERGREEN
VOLVO

◀ Der Mercedes Atego 1828 ist als Räumfahrzeug im Winterdienst aktiv: Der leistungsstarke Allradkipper verfügt als Winterdienstfahrzeug über eine zweikreisige Hydraulikanlage. Für seinen Antrieb sorgt ein Sechszylinder-Reihenmotor mit 205 kW. Selbst tiefstem Schnee ist der Atego gewachsen.

◀ Vom Kutter in den Auflieger: Direkt zum Meer fährt der Scania P230 mit seinem geräumigen Kühlauflieger. Die Fischer verladen ihren Fang von den Kühlräumen direkt in den gekühlten Auflieger des Trucks, damit die Kühlkette nicht unterbrochen wird und der Fisch frisch bleibt.

◀◀ Arbeitsteilung im internationalen Frachtverkehr: Auf dem Meer befördern riesige Frachter Container von einem Kontinent zum anderen. In den Häfen und Verteilerzentren werden die Container direkt von den Trucks in Empfang genommen und über die Straße zum Kunden befördert.

▶ Der „Truck of the Year" des Jahres 1997 ist sich auch für die Schmutzarbeit nicht zu schade. Der Actros 2543 ist auch als speziell ausgerüstete „Kehrmaschine" auf Flughäfen, Rennbahnen und Fabrikgeländen im Einsatz. Das wendige und leistungsstarke Fahrzeug ist wie geschaffen für diese Arbeit.

▼ Neuer Actros für Schwerstarbeit: Den neuen Actros für schwerste Einsätze gibt es als Kipper, Allradkipper, Betonmischer, Sattelzugmaschine und Schwerlastsonderfahrgestell. Der 8x8/4-Vierachser mit Allradantrieb und zwei gelenkten Vorderachsen eignet sich zum Transport sehr schwerer Baufahrzeuge.

▲ Spezialist für den Tiefbau: Der MAN TGA 26.430, auch ein „Truck of the year", bewegt sich perfekt im Gelände und verhält sich gutmütig auf Asphalt. Das leistungsstarke und bequeme Allzweckfahrzeug ist bei den Fahrern sehr beliebt. Im Baustellenverkehr kommt ihm seine große Robustheit zugute.

◄ Für spezielle Tank- und Silotransporte wurde diese MAN-Sattelzugmaschine gewichtsoptimiert und für stärkere Lasten ausgelegt. Dadurch ergeben sich erhebliche Nutzlastvorteile. Zahlreiche Baufirmen schwören schon seit vielen Jahren auf das zuverlässige Fahrzeug aus dem Hause MAN.

WESTERN STAR
T69·890

Arbeitspferde

Mächtige Holztransporter und bullige Kipper, chromblitzende Feuerwehren und robuste Wrecker – nicht nur auf den Interstates und Highways sind die mächtigen Kenworths, Freightliners, Peterbilts und Sterlings im Einsatz. Auch abseits der befahrenen Straßen machen die PS-starken „Arbeitspferde" unter den Trucks in Wäldern, Sandgruben und auf Baustellen ihren Job.

◄◄ Im kanadischen Busch und in den waldreichen Regionen des amerikanischen Nordwestens sind die Trucks von Western Star in ihrem Element. Starke Motoren und stabile Ladeflächen sind für den Transport der schweren Baumstämme wie geschaffen. An die Fahrer dieser Transporte werden höchste Anforderungen gestellt.

►► Seite 14/15: Amerikanische Speditionen setzen auf robuste Trucks, die sich auch abseits der befahrenen Straßen bewähren. Im Gelände und auf Baustellen meistern diese Fahrzeuge fast jedes Hindernis – und auch auf den holprigen Straßen mancher Großstädte sind sie gefordert.

◄ Kräftige Motoren und stabile Karosserien zeichnen die Mittelklasse-Lkws von Sterling aus. In den USA kommen sie besonders im Baustellenverkehr zum Einsatz. Mit einer angebauten Hebebühne, die zum Beschneiden der Bäume genutzt wird, sind diese bulligen Trucks auch in gepflegten Parkanlagen unterwegs.

◄ Die A-Line-Trucks von Sterling eignen sich besonders für den Transport von schweren Flüssigkeiten und sind auch für Schwertransporte zu gebrauchen. Der Käufer kann unter drei Motoren bis 550 PS wählen, das Fahrerhaus ist in der gängigen Stahl- oder einer noch widerstandsfähigeren Aluminium-Version lieferbar.

STERLING

40 Long Ton

STERLING

▲ Kenworth-Hauber mit hochgezogenen Auspuffrohren gehören in den USA zum alltäglichen Straßenbild. Jeder Käufer stellt sich die Zugmaschine nach seinen Wünschen zusammen und entscheidet sich für einen Motor, der z. B. für schwere Transporte wie diesen geeignet ist. Der Komfort bleibt ein wenig auf der Strecke.

▶ Der Truck-Hersteller American LaFrance wurde 1832 gegründet und 1995 von der Freightliner Corporation aufgekauft. Unter dem alten Emblem der Company stellt Freightliner hochwertige Fahrzeuge für den Feuerwehreinsatz her. Die Aufbauten entstehen in Zusammenarbeit mit Herstellern wie Aerial Innovations und Ladder Towers.

▲ Die Peterbilt Company ging aus dem Sägewerk des früheren Holzfällers T. A. Peterman hervor. Gleich die ersten Trucks kamen in den Wäldern von Washington und Oregon zum Einsatz. Erst durch die starke Nachfrage im Zweiten Weltkrieg weitete Peterman sein Unternehmen auf andere Geschäftsbereiche aus.

◄ Auch in der starken Klasse sind Peterbilt Trucks als Kipper und Baustellenfahrzeuge unterwegs. Karosserie und Aufbauten sind ausgesprochen solide und kompakt verarbeitet und trotzen Wind und Wetter. Auf den Komfort der Langstrecken-Fahrzeuge müssen die Fahrer in den kleinen Kabinen allerdings verzichten.

▲ Die Aufschrift „Wide Load" entspricht unserem „Schwertransport" und bezeichnet überdimensionale Ladungen. Besonders Häuser, Schuppen und so genannte Mobile Homes sind in den USA auf Tiefladern unterwegs. Die Zugmaschine der Marke „Western Star" verfügt über einen besonders leistungsstarken Motor.

▶ American LaFrance, inzwischen eine Abteilung des Freightliner-Konzerns und somit auch zu Daimler-Chrysler gehörend, baut Spezialtrucks wie diesen Ambulance Truck. Im Laderaum verbergen sich fest verankerte technische Geräte und Einrichtungen, das Fahrwerk ist besonders für schnelle Fahrten ausgelegt.

▲ Besonders in Kanada und im Nordwesten der USA begegnet man mächtigen Logging Trucks. Während der Saison sind diese Ungetüme selbst am Wochenende im Einsatz. In den letzten Jahren gab es heftige Auseinandersetzungen zwischen der Holzindustrie und den Umweltverbänden und Naturschützern.

◄ Aus den Military Trucks der Baureihe 4900 SA von Western Star ging dieser mächtige Tanker hervor. Mit der versetzten Hinterachse ist die Zugmaschine besonders robust und stabil. Die zahlreichen Achsen unter dem Tankaufbau sorgen für zusätzliche Sicherheit.

VOSS
INTERNATIONAL
MAN
G

Kleine Trucks ganz groß

Über drei Millionen Modellfahrzeuge im Maßstab 1:87 stellt die Firma Herpa in Dietenhofen jährlich her. Damit ist Herpa Marktführer – und der größte Automobilhersteller der Welt.

„Wir sind der größte Automobilhersteller der Welt", darf Matthias Wolff, Produktmanager bei Herpa, ohne Übertreibung behaupten, denn „wir verkaufen mehr als drei Millionen Fahrzeuge pro Jahr."

Bei Herpa wird alles im eigenen Haus gemacht. Über 270 Mitarbeiter und etliche Heimarbeiter arbeiten zum Teil rund um die Uhr – von der Planung bis zum Versand. Jeweils ein Drittel der Produktion geht an Speditionen, die Automobilindustrie und den Fachhandel. Und vieles davon gelangt schließlich zu Sammlern. Matthias Wolff: „Es gibt Feuerwehrsammler, Kühlzugsammler, Schwertransportsammler und, und, und …"

1978 überraschte Herpa die Besucher der Internationalen Spielwarenmesse zum ersten Mal mit hochwertigen Pkw-Modellen im Maßstab 1:87. Wenig später kamen Modelltrucks hinzu, inzwischen das größte Segment der bayerischen Firma. Claus Wagener, der das Unternehmen zusammen mit seinem Bruder Dieter leitet, sagt: „Was wir machten, war damals revolutionär. Alle Modelle wurden in Schnappbauweise hergestellt, also ohne Klebstoff, und es gab wichtige Details wie Außenspiegel und Scheibenwischer. Einige Trucks verfügten über lenkbare Vorderachsen und detailgetreue Anhängerkupplungen. Im Jahr 1982 wurden der bewegliche Sattelteller, das kippbare Fahrerhaus, eine vorbildgetreue Anordnung der Tanks und die Federnachbildung an den Achsen eingeführt.

◄◄ Die Modelltrucks im Maßstab 1:87 gehören zu den Rennern im Herpa-Programm. Alle Modelle werden in Schnappbauweise hergestellt, also ohne Klebstoff.

▼ Der DAF XF 380 mit Holsten-Auflieger wurde dem Original im Maßstab 1:87 bis ins kleinste Detail nachempfunden. Einige der Herpa-Trucks besitzen großen Sammlerwert.

▲ Oben links: Firmenchef Claus Wagener und Produktmanager Matthias Wolff beim Brainstorming. Oben rechts: Beim Bedrucken der Fahrzeuge achtet man auf höchste Präzision: Die Maschine schafft tausend einseitig bedruckte Auflieger in vier Stunden.

▶▶ Oben: Über 270 Mitarbeiter arbeiten in der Firmenzentrale in Dietenhofen. Mehr als drei Millionen der kleinen Fahrzeuge werden jährlich verkauft. Unten: Der Scania 164L zieht einen bis ins Detail nachempfundenen Auflieger der Spedition Sturm.

Bis ein geplantes Modell massenweise produziert werden kann, vergehen mehrere Monate. Matthias Wolff, selbst Sammler, ist ständig unterwegs und hält Ausschau nach interessanten Fahrzeugen. Denn Herpa produziert auch originalgetreue Showtrucks und Modellfahrzeuge für Speditionen und andere Firmen. Für ein vollkommen neues Modell, z. B. den Actros, werden allein 6000 Stunden für die Werkzeugherstellung benötigt. Walter Winkler, Abteilungsleiter Entwicklung/Konstruktion: „Im Idealfall erhalten wir alle Daten vom Hersteller, bei Showtrucks sind auch Fotos wichtig. Dann machen wir ein digitales Modell. Wir legen fest, welche Werkzeuge wir brauchen und welche Teile gefertigt werden sollen. Nach einem positiven Probelauf geben wir die Freigabe."

Die Formen für alle Plastikteile werden aus Stahl gefräst. Der Kunststoff fließt aus einer einen halben Millimeter großen Öffnung bei einer Temperatur zwischen 180 °C und 220 °C in die Form. Der Druck beträgt beachtliche 110 bar, um eine möglichst große Detailgenauigkeit zu gewährleisten. Eine Kühlflüssigkeit verhindert eine Verformung der empfindlichen Spritzgussteile. Die Bemalung erfolgt mit einem glasklaren Granulat, dem ein Farbanteil von 1–1,5 % zugemischt wird. Für die Aufdrucke und Bemalung der Auflieger und Anhänger werden Kunststoffklischees von Fotos oder Grafiken angefertigt. Allein die Einrichtung der Druckmaschine für eine Seite dauert schon sechs bis acht Stunden. In vier Stunden druckt die Maschine ungefähr 1000 einseitig bedruckte Teile.

Heimarbeiter setzen die fertigen Plastikteile dann zu Modellen zusammen und bereiten sie für den Versand vor. Der Verkaufsschlager sind Schwertransporte. „Und in den nächsten Jahren wollen wir hoch hinaus", verrät Matthias Wolff. Soll heißen: Herpa wird Kräne und Baumaschinen herstellen – garantiert wieder ein Renner.

herpa
herpa
TOR 2

STURM
Topline
SCANIA
TRANSPORT
KAARST - VIERSEN

Big Companies
Die großen Truckfirmen

MAN – 100 Jahre Dieselpower

MAN gehört zu den erfolgreichsten und innovativsten Nutzfahrzeugherstellern der Welt – auch ein Verdienst der Firma Büssing, die Anfang der 1970er-Jahre von dem Konzern übernommen wurde.

Die Kürzel MAN stehen für eine starke Marke – und die Firmenbezeichnung „Maschinenfabrik Augsburg-Nürnberg", obwohl der Konzern inzwischen in München beheimatet ist. Lediglich der stilisierte Braunschweiger Löwe im Logo erinnert noch an den legendären Lkw-Hersteller Büssing, der Anfang 1970 vom MAN-Konzern übernommen wurde und der Marke entscheidende Impulse verlieh.

Die Maschinenfabrik Augsburg AG wurde im Jahr 1840 gegründet und begann mit der Herstellung von Dampfmaschinen. 1893 entwickelte der Ingenieur Rudolf Diesel (1858–1913) in der Augsburger Fabrik seinen ersten Versuchsmotor, der heute im MAN-Werksmuseum ausgestellt ist. Er hatte noch keine Wasserkühlung und war in diesem Zustand nicht betriebsfähig. Vier Jahre später kam für Rudolf Diesels Erfindung eines Hochdruckverbrennungsmotors der Durchbruch: Die Technische Hochschule München nahm am 17. Februar 1897 seinen ersten betriebsfähigen Dieselmotor ab.

Im Jahr 1898 schlossen sich die Maschinenfabrik Augsburg und die Eisengießerei und Maschinenfabrik Klett & Compagnons aus Nürnberg zusammen, doch erst seit 1908 firmiert das vereinte Unternehmen unter dem Namen Maschinenfabrik Augsburg-Nürnberg AG, abgekürzt „MAN".

Gleich nach dem Zusammenschluss kurz vor der Jahrhundertwende begann eine Zeit bedeutender Pionierleistungen: Die ersten Viertakt-Versuchsdieselmotoren wurden nach Glasgow und Kopenhagen exportiert. Ein Zweitakt-Versuchsdieselmotor entstand im Jahr 1900. Das erste Diesel-Großkraftwerk der Welt baute das deutsche Unternehmen 1904 in Kiew. 1923 wurde der erste Fahrzeug-Dieselmotor mit direkter Kraftstoffeinspritzung entwickelt, 1935 kam der erste Schweröl-Viertakt-Dieselmotor auf den Markt.

Im Lkw-Geschäft ist MAN seit 1915. Die ersten Lastwagen entstanden in Saurer-Lizenz, erste eigene Entwicklungen kamen im Jahr 1924 auf den Markt. Auf der Internationalen Automobilausstellung in Berlin präsentierte MAN einen Lkw mit Vierzylinder-Direkteinspritzer-Diesel. Als stärksten Lkw der Welt feierte man acht Jahre später den MAN-Dreiachser S1H6 mit 150 PS. Und 1937 sorgte der Urahn der imposanten australischen Roadtrains für Furore: der riesige, bärenstarke F4-Sattelzug.

Die eigentliche Etablierung als einer der solidesten und zugleich innovativsten Lkw-Hersteller der Welt gelang aber erst mit der Übernahme der Firma Büssing. Heinrich Büssing, ihr legendärer Gründer, gilt als Pionier der Branche; er war der Erste, dem der grundlegende Unterschied zwischen der Technik für Personenautos und der für Lastkraftwagen bewusst war. Obwohl er seine „Firma H. Büssing, Spezialfabrik für Motorlastwagen und Motoromnibusse, Braunschweig" erst 1903 im fortgeschrittenen Alter von 60 Jahren gründete, trieb er die technische Entwicklung in vielen unterschiedlichen Bereichen des Lkw-Baus durch seine Fachkenntnis und seine engagierte Arbeit voran. Vom Motor bis zur Bereifung reichte sein breites und zugleich fundiertes Wissen.

Bereits im Jahr der Firmengründung ließ er 3-Tonner mit einem 9 PS leistenden Zweizylinder-Ottomotor fertigen. Der Antrieb auf die Hinterräder erfolgte durch Ketten, die Holzräder waren mit Eisenbereifung versehen. Auf Probe-

◄◄ MAN gehört zu den führenden europäischen Truckherstellern. Das Paradestück der Produktpalette ist der mehrfach ausgezeichnete TGA mit dem XXL-Fahrerhaus und 480 PS Motorleistung. Auf den Autobahnen verkehrt der TGA als Sattelzug im internationalen Fernverkehr.

▲ Der Vorläufer der modernen Roadtrains war der F4-Sattelzug, der 1937 den Markt revolutionierte. Die damals hochmoderne Zugmaschine überraschte mit dem neuen Design des schräg gestellten Kühlergrills und einem 150-PS-Sechszylinder-Motor. Typisch für die damaligen Modelle war die lange Haube.

fahrten über das Torfhaus im Harz, über beträchtliche Steigungen also, wurden 60 Zentner Nutzlast befördert. 1904 begann Heinrich Büssing mit dem Bau des ersten Vierzylinder-Motors. Der 3-Tonner ging in Serie. Im selben Jahr wurde der erste Omnibus gebaut – und damit begann eine lange Erfolgsgeschichte.

Doch der Motorlastwagen verkaufte sich entgegen aller Hoffnung nur schleppend. Zwischen 1904 und 1907 wurden lediglich 200 Fahrzeuge abgesetzt. Vor dem Hintergrund dieser Absatzkrise gründete Heinrich Büssing in Berlin die „Transportgesellschaft zur Beförderung von Waren und Gütern", die erste Gesellschaft für den Gütertransport mit Lkws. Der erste Frontlenker-Lkw rollte aus der Fabrik. Vor dem Ersten Weltkrieg subventionierte die Heeresverwaltung den Bau von Lastkraftwagen. Bereits vor 1920 gehörte Büssing zu den erfolgreichsten Lkw-Herstellern der Welt, nach dem Zweiten Weltkrieg waren seine Lastkraftwagen von den Straßen nicht mehr wegzudenken.

Zu den legendären Modellen der Firma gehört der Büssing-NAG-Lastkraftwagen Typ 7000S mit Dieselmotor. Dieses erfolgreiche Modell wurde nach einiger Zeit mit einem neuen Fahrerhaus ausgestattet und zum Typ 8000 weiterentwickelt.

In den 1950er-Jahren fuhren im Nahverkehr fast aller deutschen Städte Büssing-Busse, und auch das Lkw-Geschäft florierte. Das neue Prunkstück war der 12-Tonnen-Dreiachs-Schwerlastwagen 12000 mit einem Unterflur-Diesel vom Typ U13, der 180 PS leistet.

Der Niedergang des Konzerns begann in den späten 1950er-Jahren, als sich das baldige Ende des Wirtschaftswunders durch erste Vorboten bereits ankündigte. Man

▲ 1932 war dieser MAN-Dreiachser S1H6 mit 16,6 Liter Hubraum und 150 PS aus sechs Zylindern der stärkste Lkw der Welt. Noch heute ist man bei MAN sehr stolz auf diesen Rekord. MAN beteiligte sich mit dem Hauber erfolgreich an der traditionellen Deutschlandfahrt. Überall wurde der Wagen bestaunt.

◄ Im Dezember 1924 präsentierte MAN auf der Internationalen Automobilausstellung in Berlin seinen Lkw mit Vierzylinder-Direkteinspritzer-Diesel. Niedriger Verbrauch und hohes Drehmoment waren die Kennzeichen dieses Lasters und machten ihn zum Verkaufsschlager.

▲ Die leichte Reihe des Lkw-Herstellers trägt das Kürzel TGL und zeichnet sich durch einen geringen Kraftstoffverbrauch und starke Leistung aus. Der TGL wird im österreichischen Steyr, dem Kompetenzzentrum der MAN Nutzfahrzeuge für leichte und mittlere Lastwagen, am Montageband gefertigt.

▶▶ Oben: Der TGA-Gliederzug fährt im Fernverkehr. Die schwere Baureihe TGA wurde als „Truck of the Year 2001" ausgezeichnet. Kraftvoll unterwegs ist der MAN TGA 18.530 mit dem 530 PS starken Sechszylinder-Reihenmotor mit Common-Rail-Einspritzung. Unten: Der TGA mit einem Tankauflieger.

machte aus der Firma eine Aktiengesellschaft und tätigte in der Folgezeit zahlreiche Fehlinvestitionen. Die letzten Büssing-Lastkraftwagen wurden in den späten 1960er-Jahren gebaut.

Zu Beginn der 70er-Jahre übernahm MAN das mittlerweile ziemlich angeschlagene Unternehmen. Dies war ein sehr kluger Schachzug, denn von dem neu erworbenen Know-how konnte die Nutzfahrzeugsparte entscheidend profitieren.

Inzwischen gehört das traditionsreiche Unternehmen zu den führenden internationalen Nutzfahrzeugherstellern. In Deutschland verfügt MAN über acht Produktionsstandorte mit Stammwerken in München, Nürnberg, Salzgitter, Gustavsburg und Penzberg. Im weltweiten Produktionsnetzwerk werden Lastkraftwagen in sämtlichen Klassen zwischen 7,49 und 50 Tonnen Gesamtgewicht produziert, zudem werden schwere Sonderfahrzeuge bis 250 Tonnen Zuggesamtgewicht, Linien- und Reisebusse hergestellt. Neben Dieselaggregaten gehören auch Erdgasmotoren zur Produktpalette.

Weitere Produktionsstätten sind in Polen mit Star Trucks in Starachowice und einem Buswerk in Posen angesiedelt. Im Nürnberger Werk werden Motoren gefertigt. Zum größten Teil werden diese in MAN-Nutzfahrzeuge eingebaut. Darüber hinaus ist MAN mit seinen Motoren in weiteren Marktsegmenten erfolgreich und liefert Diesel- und Gasmotoren innerhalb eines Leistungsspektrums von 113 bis 1500 PS beispielsweise zum Antrieb von Schienenfahrzeugen, Ackerschleppern, landwirtschaftlichen Maschinen, stationären Energieanlagen und Motoryachten. Aber auch der 130000-PS-Motor der „Queen Elizabeth II." – der weltgrößte Dieselantrieb – stammt von MAN.

MAN
SHA JA 82

MAN
BL KC 804

CharterWay
Mercedes-Benz CharterWay
Mercedes-Benz
CharterWay
ACTROS
RA DC 7777

Mercedes-Trucks – Die mit dem Stern

Ihr guter Stern auf allen Straßen – auch im Nutzfahrzeugbereich setzen die Ingenieure von Daimler-Benz auf Qualität. Der Bestseller Actros gehört zu den Flaggschiffen des Daimler-Chrysler-Konzerns.

1896 baute Gottlieb Daimler den ersten Lastkraftwagen der Welt. Die Eintragung im Wagenbuch der Daimler-Motoren-Gesellschaft (DMG) in Cannstatt bei Stuttgart lautete: „Motor-Lastwagen Bestell-Nr. 81, Fahrzeug Nr. 42, 4-PS-Zweizylinder-Motor, Gewicht des kompletten Wagens 1200 kg zur Beförderung von 1500 kg, Factura British Motor Syndicate Ltd. London". Äußerlich erinnerte dieses erste motorisierte Nutzfahrzeug noch an eine Kutsche. Wie beim Pkw konkurrierte Gottlieb Daimler auch bei den Nutzfahrzeugen mit Karl Benz. Während Daimler seinen ersten Lkw fertigte, arbeitete Benz an so genannten Lieferungswagen, den Vorläufern der heutigen Transporter. Und noch 1923, drei Jahre vor der Fusion der beiden Unternehmen, entwickelten sie unabhängig voneinander ihre ersten Lastwagen mit Dieselmotor.

Besonders leistungsfähig waren diese ersten Lastwagen nicht: Mit Nutzlasten von 1500 bis 5000 kg und einer Höchstgeschwindigkeit von 12 km/h ließ sich noch kein Staat machen. Doch die technische Entwicklung schritt rasch voran. Schon bei den nächsten Modellen rückten Gottlieb Daimler und sein Kollege Wilhelm Maybach vom Heckmotor ab und montierten die Motoren jetzt unterhalb des Fahrersitzes am Rahmen. Der Antrieb erfolgte über eine Kette zur Hinterachse. Für die Kraftübertragung

◀◀ Der Mercedes Actros gehört längst weltweit zu den Klassikern unter den Nutzfahrzeugen. Der schwere Lkw, der fast ausschließlich im Fernverkehr eingesetzt wird, genügt mit seiner hoch entwickelten Antriebstechnik und zahlreichen Innovationen wie dem Integralheck höchsten Ansprüchen.

◀ Liebe auf den zweiten Blick: Der erste Actros wurde von den Fahrern eher nüchtern aufgenommen. Das hat sich mit der zweiten Generation grundlegend geändert.

▲ Mercedes-Benz-Nutzfahrzeuge gelten als Schrittmacher in der modernen Sicherheitstechnik. Auf dem firmeneigenen Testgelände und speziell angelegten Parcours werden die Fahrzeuge extremen Belastungen ausgesetzt und auf Herz und Nieren geprüft, bevor sie in den Handel gehen.

sorgte ein Zahnradgetriebe, und die Kühlung übernahm der von Wilhelm Maybach entwickelte Röhrchenkühler. In einem weiteren Entwicklungsschritt erfolgte die Platzierung des Motors unter einer Haube über der Vorderachse – damit war der legendäre und viel geliebte Haubenwagen geboren.

Nach dem Zweiten Weltkrieg überraschte Daimler-Benz mit dem L 3250. Dieser leistungsstarke Lastwagen wurde bereits in den 30er-Jahren entwickelt, erhielt 1949 aber eine gerundete Motorhaube. Mit einer Nutzlast von drei Tonnen und sechseinhalb Tonnen Gesamtgewicht entwickelte sich der L 3250 zu einem Klassiker unter den Nutzfahrzeugen. Die verbesserte Ausführung, die 1950 als L 3500 auf den Markt kam, wurde zu einer der Ikonen des bundesdeutschen Wirtschaftswunders. Die technischen Daten: Sechszylinder-Dieselmotor OM 312 mit 4,6 Liter Hubraum und einer Leistung von 90 PS. Hergestellt wurde dieser Laster in Mannheim. In der schweren Klasse avancierte der L 6600 zum Bestseller. Ziemlich merkwürdige Gesetze und Vorschriften waren der Grund dafür, dass Daimler-Benz zwischenzeitlich entsprechend eigenwillige Modelle baute, etwa den LP 333 mit zwei gelenkten Vorderachsen. Doch dann begann in den 60ern ein neues Zeitalter der Trucks.

1963 lösten die Frontlenker der viel gerühmten LP-Baureihe die bisherigen Hauber ab. Die Fahrerhäuser der neuen Baureihe waren bemerkenswert klar und übersichtlich gestaltet. Mit ihren großen Fenstern und der Schlafkabine für den Fernverkehr wurden sie richtungsweisend für die Entwicklung im Lkw-Bau.

Bei den Reihensechszylindern ging man 1964 von der Vorkammereinspritzung zur wirtschaftlicheren Direkteinspritzung über, an Leistung standen bis zu 210 PS zur Verfügung. Ein Novum war das kippbare Fahrerhaus, das

im Jahr 1969 vorgestellt wurde. Durch diese neuartige Konstruktion wurde der Zugang zu den Aggregaten enorm erleichtert.

Auch unter dem Blech vollzog sich eine Revolution: Mit der Baureihe 400 löste ein Baukastensystem aus besonders kompakten V8- und V10-Zylindern den Reihensechszylinder ab. Der Mercedes LP 1632 überraschte mit einer Leistung von bis zu 320 PS und beeindruckenden 16 Liter Hubraum.

1974 kamen neue Lastwagen auf den Markt, die unter dem Kürzel „NG" als „Neue Generation" in die Firmengeschichte eingingen und die Entwicklung einen weiteren Schritt voranbrachten. Unter den dynamisch gestalteten und rundum gefederten Fahrerhäusern verbargen sich noch die V-Motoren der bewährten LP-Reihe, doch mit der Motorenbaureihe 400 begann 1979 tatsächlich ein neues Zeitalter: Der Achtzylinder hatte 14,6 Liter Hubraum und erreichte mit Turbolader eine Leistung von satten 330 PS, mit Ladeluftkühlung kam er sogar auf 375 PS.

1985 führte Daimler-Benz die elektropneumatische Schalthilfe (EPS) serienmäßig ein. Ein handlicher Joystick löste den klassischen Schalthebel ab. Ebenfalls 1985 kam die Elektronische Dieselregelung (EDR) für den Motor.

In den 90er-Jahren wurde die neue Nutzfahrzeuggeneration mit so klangvollen Namen wie Actros und Atego eingeführt, und auch sie setzte wieder neue Maßstäbe. Elektronische Steuerungen für Antriebstrang und Bremsen trieben den technischen Fortschritt voran. Und nachdem einige Kinderkrankheiten beseitigt waren, avancierte der Actros zu einem der beliebtesten Trucks in Europa.

Doch die Trucks mit dem Stern sind nicht die Einzigen, die der Konzern im Angebot hat: Zum Daimler-Chrysler-Imperium gehört auch die traditionsreiche amerikanische Firma Freightliner.

▲ Beim Fahrsicherheitstraining auf dem firmeneigenen Gelände lernen die Teilnehmer die hervorragenden Fahreigenschaften der Mercedes-Benz-Trucks kennen. Auch bei nasser Fahrbahn und in scharfen Kurven zeigen die Fahrzeuge sich von ihrer besten Seite. Auf dem Prüfstand im Werk werden alle Teile gründlich untersucht.

▲ Mit einem breiten Angebot von Spezialfahrzeugen wendet sich Mercedes-Benz sowohl an mittelständische Unternehmen wie auch an Industriekonzerne. Im Baustellenverkehr leistet der wendige Atego gute Dienste, und auch auf Flughäfen tragen viele Fahrzeuge, wie dieser spezielle Tankzug, den Stern.

▶ Mit einem Sattelauflieger des Marktführers Kögel macht der Mercedes Atego auch im Fernverkehr eine gute Figur. Die wendige Zugmaschine, ansonsten vor allem im Nahverkehr eingesetzt, steht bei den Fahrern hoch im Kurs und sorgt auch am Berg dafür, dass es zügig vorangeht.

KÖGEL
Cargo-MAXX
Die neue Sattel-Generation
KÖGEL
Mit Sicherheit ans Ziel
KÖGEL
RA DC 1028

ACTROS
RA LU 175

341
SCANIA

Scania – Trucks aus dem hohen Norden

Scania hat bei den Fahrern einen besonders guten Ruf. Der Name der schwedischen Lkw-Firma steht für leistungsstarke und zugleich sparsame Motoren sowie fahrergerechte Ausstattung.

Schweden-Power: Scania gehört zu den größten Truckherstellern der Welt und ist vor allem für technisch ausgefeilte Nutzfahrzeuge in der schweren Klasse bekannt. Seit 1891 rollten mehr als eine Million Lastkraftwagen und Busse aus den Werkshallen. Mehr als 28000 Angestellte sind bei Scania beschäftigt, in über 100 Ländern gibt es Niederlassungen, und seit sage und schreibe sieben Jahrzehnten schreibt die schwedische Firma ununterbrochen schwarze Zahlen – eine imposante Erfolgsbilanz.

Eigentlich begann die Geschichte der heutigen Weltfirma erst 1902. In Malmö baute der Maschinenhersteller Scania einen Lkw mit einem 12 PS starken 2-Zylinder-Motor und einer Ladekapazität von 1,5 Tonnen. In Södertälje testete das Unternehmen Vabis einen Lkw mit 9-PS-Motor auf Kopfsteinpflaster und Schlaglochpisten. Doch der Absatz entwickelte sich schleppend, und man begann erst 1907 mit der Serienfertigung. Beide Unternehmen fusionierten dann 1911 unter dem Namen „Scania" und brachten schon nach kurzer Zeit die ersten Kipper auf den Markt. Die neue Firma spezialisierte sich auf den Lkw-Bau und entwickelte bis 1936 einen eigenen Dieselmotor, der stolze 120 PS auf die Straße brachte.

Auch in den 1950er-Jahren setzte man auf sparsame und wartungsarme Dieselmotoren. Mit dem LT75 ging der erste Allrad-Lkw mit 6x4-Antrieb in Serie, zwei Jahre später rollte der LA82 mit 6x6-Antrieb vom Band. Die Fahrzeuge kamen vor allem bei der schwedischen Armee zum Einsatz. Das Gesamtgewicht des LA82 lag bei über 11 Tonnen, das Fahrzeug konnte im Gelände fünf Tonnen auf der Pritsche transportieren und gleichzeitig noch eine Haubitze von zehn Tonnen ziehen. 1958 rückte das Unternehmen von den Einheitsmotoren ab und führte mehrere 6-Zylinder-Motoren mit unterschiedlichem Hubraum ein, die auch für den Einsatz von Turboladern ausgelegt waren. Ab 1963 stellte Scania wieder Frontlenker her, der LB76 hielt sich fünf erfolgreiche Jahre auf dem Markt. 1968 trat der LB110 mit kippbarem Fahrerhaus seine Nachfolge an. Die Bremsen wurden weiterentwickelt und den stärkeren Motoren angepasst.

1969 revolutionierte Scania den Markt mit einem neuen V8-Turbodiesel, der mit 14 Liter Hubraum und 350 PS eines der stärksten Triebwerke seiner Zeit war. Dieses Kraftwerk konnte mit niedriger Motordrehzahl, aber dennoch hoher Zugkraft eingesetzt werden und ermöglichte somit einen geringen Kraftstoffverbrauch. Dieser Motor wurde zur Legende. Wer einen starken Scania fuhr, war *King of the Road*, ein Image, das bis heute mit dieser Marke verbunden ist und das sie bei Fahrern besonders beliebt gemacht hat.

Ab 1980 wurden nicht nur Motoren, Getriebe und Achsen im Modulsystem entwickelt, sondern auch Rahmen und Fahrerhäuser: Es gab drei verschiedene Motoren mit 8, 11 und 14 Liter Hubraum, drei Fahrgestellklassen (M – Medium Duty, H – Heavy Duty, E – Extra Heavy Duty), vier Fahrerhausgrundmodelle (G, P, R und T), Gesamtgewichte zwischen 16,5 und 36 Tonnen, Lkws mit Allradantrieb und Vierachser. 1988 begann man mit dem Bau der Serie 3. Das Fernverkehrsfahrerhaus „Topline" setzte neue Maßstäbe, auch ein Grund dafür, dass die Serie 3 die Auszeichnung „Truck of the Year" erhielt. „Im Scania ist am meisten Platz", schwärmen viele Fahrer, „und er macht auch optisch am meisten her."

◀◀ Seite 36/37: Der Actros ist das Flaggschiff der Mercedes-flotte. Seitdem die Kinderkrankheiten der ersten Serie beseitigt wurden, gilt er als einer der leistungsstärksten und zuverlässigsten Lkws der Welt.

◀◀ Die „Arbeitstrucks" des finnischen Truckherstellers Scania gelten als besonders zuverlässig und robust. Selbst nördlich des Polarkreises, im Land der Samen und ihrer Rentierherden, stößt ein Kipper wie der Scania P113 auf keine nennenswerten Hindernisse. Er behauptet sich bei jedem Wetter.

▲ Der Scania R420, ein robuster Kipper der preisgekrönten R-Klasse, bewährt sich in jeder Umgebung und ist für den Baustellenverkehr wie geschaffen – überall in Europa.

▶▶ Scania-Trucks sind bei den Fahrern wegen ihrer geräumigen und durchdacht eingerichteten Fahrerhäuser besonders beliebt. Oben: Die Kabine des Scania-Trucks bietet ausreichend Platz für die Fahrer.
Unten: Ein Scania R420 in Aktion.

1991 kam der Turbocompound-Motor. Dieses Triebwerk zeigte deutlich, dass das Entwicklungspotenzial der traditionellen Verbrennungsmotoren längst noch nicht ausgeschöpft war. Durch eine so genannte Kraftturbine wird bei diesem Konzept die Energie genutzt, die in den Abgasen nach dem Turbo noch vorhanden ist. Die Kraft wird über eine Hydraulikkupplung und ein Zahnradgetriebe auf das Schwungrad des Motors übertragen. Durch diese Kraftturbine gelang es den Scania-Ingenieuren, den Wirkungsgrad des Dieselmotors um zwei Prozent zu steigern. Leistung und Drehmoment erhöhten sich um fünf Prozent auf 400 PS, während der Kraftstoffverbrauch sank. Gleichzeitig gingen die neuen aerodynamischen Streamline-Fahrerhäuser in Serie, ebenfalls ein Markenzeichen von Scania. Im Jahr 2000 wurde der legendäre V8-Motor durch einen neuen 16-Liter-V8 abgelöst, der Scanias *King-of-the-Road*-Image noch zusätzlich bestätigte. Und es war schließlich keine große Überraschung, dass der neuen R-Serie von einer zwölfköpfigen Jury aus Fachjournalisten die Auszeichnung „Truck of the Year" verliehen wurde.

Die Fahrer schätzen den Scania vor allem wegen seiner Ausstattung. Scania-Sprecher Kaj Holmelius: „In diesen Bereichen setzen wir konsequent auf eigene Spezialisten. Für Scania ist es immer wichtig gewesen, die besonderen Ausstattungswünsche der Fahrer zu erfüllen und neben ausgefeilter ergonomischer Gestaltung darauf zu achten, dass der Einsatz der Fahrzeuge für die Transportunternehmen rentabel ist. Dieses im Laufe von Jahrzehnten erworbene Know-how kombinieren wir mit modernen ästhetischen Vorstellungen und den neusten technischen Möglichkeiten."

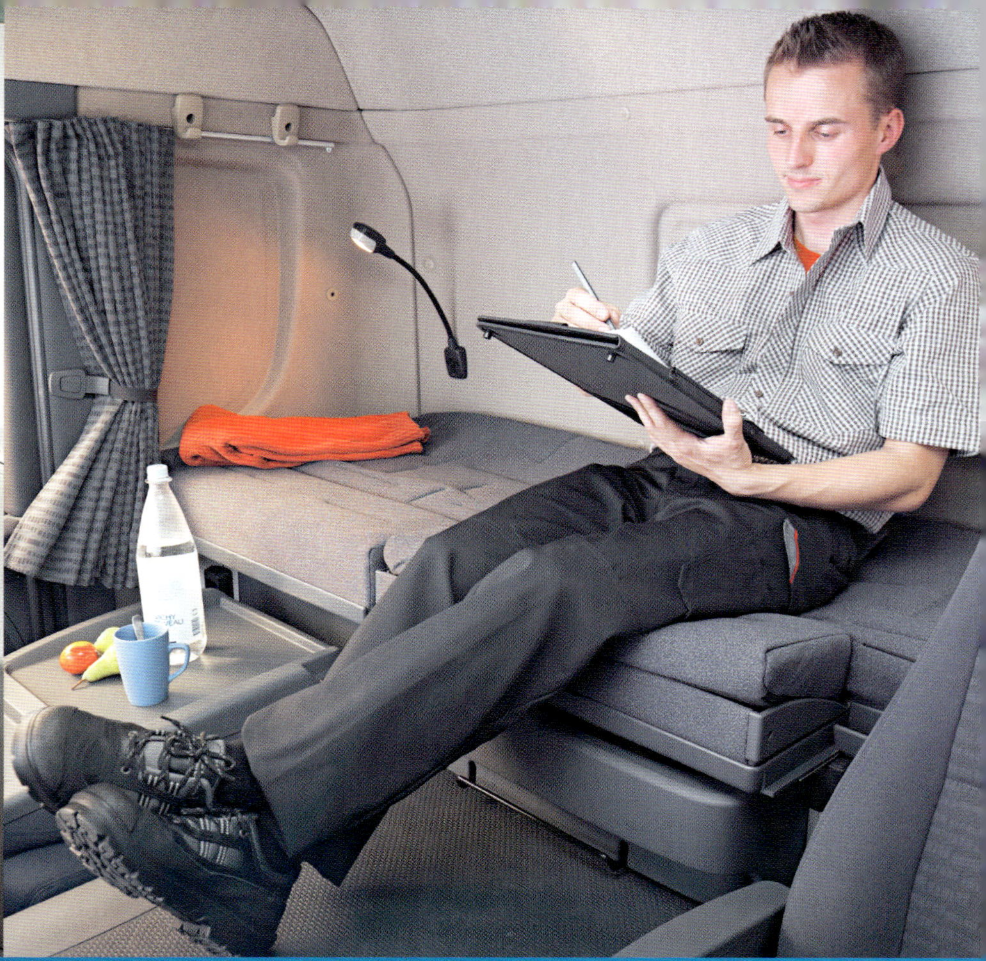

SCANIA
R 470

◀ Auch ein Nahverkehrstruck wie der Scania R470 kommt in der winterlichen Landschaft des nördlichen Schweden zurecht. Auf einer Testfahrt, die den Truck bis über den Polarkreis führte, konnte der R470 zeigen, was in ihm steckt. Die Trucks werden ausgiebig getestet, bevor sie auf den Markt kommen.

▲ Oben: Der Scania-Vabis-Dreiachser besaß eine Haesselman-Maschine. Mitte links: Der Scania-Vabis L51 im Einsatz, 1955. Mitte rechts: Der Scania-Kipper L111 auf einer Fahrt im Jahr 1978. Unten: Dieser Scania-Vabis L76 war 1963 mit einem Sattelauflieger voller Sekt in Deutschland unterwegs.

SCANIA
R 420
JD 35830

Volvo – Geballte Power

Volvo steht für Stärke und Sicherheit. Bereits in den 50er-Jahren setzte man bei dem schwedischen Lkw-Hersteller auf leistungsstarke und umweltschonende Motoren.

Zusammen mit der Popgruppe Abba und dem Möbelhaus Ikea gehört Volvo zum erfolgreichen Dreigestirn schwedischer Exportschlager. Und Volvo ist von den dreien das mit Abstand älteste Unternehmen: Bereits im Jahr 1928 rollte der erste Volvo-Lkw mit dem absolut treffenden Namen „Series 1" über die Sandstraßen im hohen Norden, ein modernes Lastauto mit Wellenantrieb und Luftreifen. Leider gehörte der Benzinmotor mit vier Zylindern und schwachen 28 PS noch nicht zu den Kraftpaketen, für die Volvo heute bekannt ist. Gerade mal 1500 Kilo konnten damit befördert werden.

Erst in den 30er-Jahren konnte sich Volvo mit den Baureihen LV71 und LV73 in der Riege der europäischen Lkw-Exporteure etablieren. Der Motor lag jetzt vor der Frontachse, wodurch eine weitaus bessere Lastenverteilung ermöglicht wurde. Die verbesserten Modelle LV8 und LV9 wurden zu Klassikern, zumindest in Skandinavien.

In den 40er-Jahren sicherte die Nachfrage des Militärs den Fortbestand des Unternehmens. Der Lkw-Hersteller wurde zum Hauptlieferanten der Armee. Mit den „Runden Nasen" – den *Roundnose*-Lkws – präsentierte Volvo eine große Bandbreite von robusten Nutzfahrzeugen mit ähnlichem Aussehen.

In den 50er-Jahren begann der Siegeszug des modernen Dieselmotors mit Direkteinspritzung. Die Maschinen wurden leistungsfähiger und umweltschonender. Zum Klassiker der Volvo-Palette avancierte der Titan, der 1951 als einer der weltweit ersten Lkws über einen Turbomotor verfügte. Die Leistung wurde um beachtliche 35 PS auf 185 PS gesteigert. Der Titan der 60er-Jahre trug die Modellbezeichnung TIPTOP/F88/G88 und war wegen seines kippbaren und sehr geräumigen Fahrerhauses bei den Truckern sehr beliebt. Zudem war die Motorleistung noch einmal erhöht worden.

Die 70er-Jahre brachten den endgültigen Durchbruch für Volvo: Der F10 und der F12 erblickten das Licht der Welt und standen vor allem in der Globetrotter-Version für reichlich Kraft und Leistung. In puncto Ergonomie und Sicherheit setzten diese Erfolgsmodelle sogar neue Maßstäbe. Das Fahrerhaus war auf eine Spiralfederung gestellt worden, wodurch erheblich bequemeres Fahren möglich wurde, überdies gestatteten die großen Fenster eine verbesserte Sicht.

In den 80er-Jahren wurde vor allem an den Motoren gefeilt, die noch leistungsstärker und umweltfreundlicher wurden. Bei den Schwerlastern FL6 und FL7/FL10 setzte man ein Konzept um, das geringes Gewicht mit großer Leistung kombinierte. Die neuen 10-Liter-Motoren brachten bis zu 318 PS auf die Straße.

In den 90er-Jahren widmete man sich bei Volvo in erster Linie wirtschaftlichen Lösungen und optimierte die technische Ausstattung, z. B. mit dem Flottensteuerungssystem Dynafleet 2.0, das eine Reihe von Daten für wirtschaftliches und sicheres Fahren lieferte. Mit den neu entwickelten D12-Motoren stieß man in eine neue Klasse vor: Die Schwerlast-Dieselmotoren wiesen Eigenschaften auf, die man auch in Sportwagen findet.

Zum Klassiker könnte das neue Modell NH12 werden, das erstmals auf der Amsterdam Truck Show im Jahr 2000 vorgestellt wurde. Es handelt sich laut Volvo um ein innovatives „Hightech-Nutzfahrzeug des neuen Jahrtausends" – und um ein weiteres Erfolgsmodell.

◄◄ Seite 44/45: Auf den einsamen Straßen im hohen Norden von Europa zeigen die Scanias, was in ihnen steckt. Im Baustellenverkehr sind besonders starke und wendige Modelle im Einsatz. In Skandinavien gehören Scania-Kipper zum alltäglichen Straßenbild.

◄◄ Volvo-Trucks aus Schweden gehören zu den Kraftpaketen unter den europäischen Trucks. Spediteure überzeugen die leistungsstarken Motoren wegen ihrer Wirtschaftlichkeit, die meisten Fahrer schätzen die exzellent gefederten Fahrerhäuser, die übersichtlichen Armaturen und die großen Panoramafenster.

▲ Beim Holzabbau in den unzugänglichen Wäldern Skandinaviens haben sich die robusten Volvo-Trucks ganz besonders bewährt. Hier haben sie ein Heimspiel.

◀ Auch im Containerverkehr in internationalen Häfen macht Volvo eine gute Figur. Selbst neben einem großen Frachter muss sich der starke Schwede nicht verstecken.

▼ Leistungsstarke Motoren und eine komfortable Federung machen das Fahren auch im Baustellenverkehr zum Vergnügen.

▶ Der F10 und der F12 setzten vor allem in der Globetrotter-Version neue Maßstäbe in Sachen Sicherheit bei höchstmöglicher Leistung und größtem Komfort. Längst zählen die Modelle zu den absoluten Klassikern auf Europas Autobahnen.

VOLVO

3000R

Kenworth – Maßgeschneiderte Trucks

Kenworth-Trucks haben Kultstatus in Amerika. Die bulligen Fahrzeuge mit dem riesigen Kühler vor der imposanten Haube erinnern an Filme wie „Convoy" oder „Ein ausgekochtes Schlitzohr". Sie symbolisieren wie kaum etwas anderes die Unabhängigkeit und das Selbstbewusstsein der Asphaltcowboys.

Was hatten wir uns nicht alles vorgestellt. Riesige Werkshallen, von Computern gesteuerte Kontrollanlagen und ein funkelnder Truck neben dem anderen. Eine moderne Fabrik mit allen Finessen und ein riesiges Bürogebäude mit Spiegelglasfenstern. Vielleicht sogar ein Denkmal oder zumindest doch ein leuchtend rotes Schild mit dem Namen, den sich alle Fans und viele Trucker auf der Zunge zergehen lassen: Kenworth. Das ist mehr als ein Firmenname: ein Traum auf Rädern, Inbegriff eines amerikanischen Trucks, ein Symbol für den einsamen Cowboy, der stundenlang auf dem Bock sitzt und über endlose Highways dem Sonnenuntergang entgegenfährt.

Und welche Enttäuschung, als wir dann wirklich vor der Fabrik in Seattle stehen. Eingezwängt zwischen die riesigen Werkshallen der Boeing-Flugzeugwerke, hätten wir das flache und unscheinbare Gebäude beinahe übersehen. Das sollten die berühmten Kenworth-Werke sein? Das Mekka aller Truckfans? Eine aus Fertigteilen zusammengeschusterte Werkshalle und ein barackenähnliches Bürogebäude, über die sich die Angestellten von Mercedes und Renault kugeln würden vor Lachen? Es war kaum zu glauben, aber wahr. Wir standen tatsächlich vor den Kenworth-Werken, und als wir nach langem Suchen endlich einen Herrn fanden, der bereit war, uns durch die heiligen Hallen zu führen, gleich die nächste Enttäuschung: Fotografieren ist in der Fabrikhalle verboten. Als ob die Kenworth-Ingenieure was zu verbergen hätten. Dabei hinken sie den europäischen Truckherstellern technisch weit hinterher, und außerdem kann man einen Kenworth ja überall auf dem Highway bis auf die letzte Schraube auseinandernehmen. Egal. Man hörte sich zwar unsere Argumente an, ließ sich aber nicht erweichen. Also mussten wir uns mit von der Firmenleitung freigegebenen Werksfotos begnügen. Auch kein Beinbruch, wie wir während der Führung feststellten.

Denn zu sehen gab es nicht viel in der einzigen Werkshalle. Kenworth-Trucks werden auch heute noch wie vor 30 Jahren fertiggestellt: Da stehen Männer mit Schraubenschlüsseln und Spritzpistolen herum, und jeder einzelne Truck wird von Hand zusammengebaut. Und das hat einen guten Grund, wie uns ein Angestellter der Firma erklärt. Kenworth ist besonders stolz darauf, jeden Truck nach den speziellen Wünschen des jeweiligen Kunden anzufertigen. Im Klartext: Der Trucker kann sich seinen Motor, das Getriebe, das Material, die Lackierung, die Polster und sogar Kleinigkeiten aus einem reichhaltigen Angebot heraussuchen. „Jeder Truck sieht anders aus", sagt der Angestellte, „und rollt nach der Fertigstellung sofort zum Käufer. Deshalb gibt es bei uns auch keine Halden. Die Trucks werden hintereinander aufgebockt und huckepack zum Käufer gekarrt."

Der Firmenname Kenworth wurde 1923 geboren, als H. W. Kent und E. K. Worthington, die beiden Hauptaktionäre einer Lastwagenfabrik, aus ihren Namen ein neues Markenzeichen kreierten. Der Sitz des Unternehmens lag schon damals im Nordwesten der USA, in Seattle ließ man sich aber erst 1946 nieder. Kenworth spezialisierte sich auf besonders robuste Trucks, die im waldreichen Nordwesten besonders zum Straßenbau und Holztransport herangezogen wurden. Die Firma war inzwischen an die Pacific

◀◀ Der Kenworth T2000 ist das Flaggschiff des amerikanischen Truckherstellers – obwohl der klassische W900 bei vielen Fahrern noch immer sehr beliebt ist. Doch für den modernen T2000 sprechen niedrigerer Verbrauch, höherer Fahrkomfort, größeres Ladevolumen und ein wesentlich besserer Service.

▲ Der Kenworth T800 ist vor allem im Nahverkehr und in speziellen Ausführungen auch als Baustellenfahrzeug, Tankwagen oder Holztransporter im Einsatz.

▶▶ Die Conventionals mit ihren langen Hauben gelten bei den meisten amerikanischen Fahrern noch immer als Statussymbol. Die kantigen Kenworth-Klassiker wie der W800 und der W900 gelten als Musterbeispiele eines US-Trucks – auch wenn der Komfort in manchen Fahrzeugen zu wünschen übrig lässt.

Car and Foundry Company verkauft worden, die nicht nur Laster. sondern auch Eisenbahnwaggons und Maschinen für die Erzgewinnung herstellte. Seit 1972 firmiert der Konzern unter dem Namen Paccar und hat sich inzwischen einen anderen renommierten Truckhersteller unter den Nagel gerissen: die Peterbilt Motor Company.

Die Werkshalle von Kenworth erinnert an eine Fabrik aus den 20er-Jahren. Klobige Maschinen, riesige Förderbänder und emsige Arbeiter in blauen Overalls. Kaum elektrische Geräte, kein Computer weit und breit, hier wird alles von Hand montiert. Wir schlendern staunend durch die Halle, können einfach nicht glauben, dass die berühmten Kenworth-Trucks in dieser überdimensionalen Garage das Licht der Welt erblicken. Und das auch noch verkehrt herum. „So lässt sich leichter arbeiten", sagt ein Arbeiter, der die wuchtigen Räder an den auf dem Kopf liegenden Rahmen montiert. In dieser ersten Phase der Fertigung werden auch die riesigen Tanks angebracht. Jeder der mächtigen Behälter fasst bis zu 375 Gallonen, also rund 1350 Liter. Die Motoren, zumeist starke Caterpillar- oder Cummins-Aggregate, hängen auf Abruf an einem Karussell.

„Kein Truck gleicht dem anderen" – während unserer Besichtigung können wir uns davon überzeugen, wie genau es die Firma Kenworth mit ihrem Slogan nimmt. Die Trucker können zwischen mehreren Motoren wählen, sie legen fest, welche Achsen und welches Getriebe in ihren Truck eingebaut werden, sie können sich für eine Luftfederung oder Blattfedern entscheiden und ihr Fahrzeug nach dem Baukastenprinzip individuell gestalten. Der eine möchte einen roten Samtteppich in seinem Fahrerhaus, der andere bevorzugt schwarzen Velours, einer schwärmt für ein hölzernes Armaturenbrett mit vielen Schaltern und Knöpfen, der andere steht auf Chrom, der eine will diesen, der andere

212
212

▲ Der W900 mit vier Achsen und Tieflader befördert auch schwerste Lasten. Selbst auf den kurvenreichen Straßen im waldreichen Nordwesten oder in den Rocky Mountains kennt er kaum Probleme.

jenen Innenspiegel. Den Wünschen der Käufer sind kaum Grenzen gesetzt, lediglich die Karosserie der Kenworth-Trucks bleibt von Änderungen ausgenommen. Da gibt es den konventionellen Hauber mit der Typenbezeichnung W900B, den nach wie vor die meisten Käufer bevorzugen, weil er so knackig aussieht, den bulligen Cabover mit der Typenbezeichnung K100E und den neuen Hauber mit der Typenbezeichnung T2000. Letzterer besitzt moderne Rundungen und ist aerodynamischer als die anderen Trucks, aber eben auch hässlicher, und von den Fahrern wird er

◄ Maßanfertigung kennzeichnet die altertümlich anmutende Truckproduktion bei Kenworth. Auf diese Weise können möglichst viele individuelle Wünsche der Fahrer erfüllt werden. Höchsten Wert legen die meisten Kunden auf die Schlafkabine, die in verschiedenen Ausführungen angeboten wird.

wegen seiner abfallenden Schnauze spöttisch „Ameisenbär" genannt.

Am meisten Wert legen die amerikanischen Fernfahrer auf die Farbe ihrer Trucks. Bei Kenworth kann man unter zahlreichen Mustern und Farbtönen wählen, und sogar ausgefallene Sonderwünsche werden berücksichtigt. Das Fahrgestell wandert in eine Lackierkabine, wo nicht elektronisch gesteuerte Düsen das Metall besprühen, sondern vermummte Arbeiter mit Spritzpistolen hantieren. Man will nichts dem Zufall überlassen und sogar die kleinste Unregelmäßigkeit sofort ausgleichen.

Auch bei der Produktion der Fahrerkabinen und Sleeper geht man äußerst penibel vor. Die einzelnen Teile werden aus Aluprofilen aufgebaut und sorgfältig vernietet. Von Hand natürlich. Höchsten Wert legt man auf die Innenausstattung, auf Armaturenbrett, Auslegeware, Stereoanlage und das Allerheiligste des Truckers, den Sleeper, die Schlafkabine. Auch hier kann zwischen verschiedenen Modellen gewählt werden, von der funktionalen Koje bis zum Wohnzimmer, und auf dem Bestellschein können sogar besonders bequeme Matrazen und platzsparende Leselampen angekreuzt werden. Solchen Luxus und Komfort genießen europäische Trucker zwar nicht, sie müssen jedoch auch in der Regel nicht solche riesigen Entfernungen bewältigen.

Nachdem alle Teile verschraubt sind, wird der fertige Truck einem kurzen Fahrtest unterzogen. Zuerst auf den Walzen und dann auf dem Highway. Das ist der letzte von 35 Arbeitsgängen, die ein Kenworth während der Herstellung durchläuft. Ich darf bei einer dieser Testfahrten dabei sein, sitze wie ein König auf dem Beifahrersitz eines niegelnagelneuen T600A und genieße die Aussicht. Und ich muss zugeben: Der Kenworth hat was. Auf dem Bock eines dieser Giganten verspürt man ein ganz besonderes Flair, das an Filme wie „Convoy" oder „Ein ausgekochtes Schlitzohr" erinnert. In einem Mercedes oder Renault würde dieses Feeling niemals aufkommen. Und doch, als Trucker würde ich mir wohl kaum einen Kenworth, sondern immer einen Europäer kaufen. Weil die bequemer, technisch ausgereifter und eigentlich insgesamt den Amerikanern haushoch überlegen sind. Nur im Vergleich mit der Aura eines Kenworth sehen sie alle blass aus. Das ist dasselbe wie mit Kaugummi und Coca-Cola: Kenworth ist ein Stück Amerika.

Freightliner – Unter deutschem Stern

Die meisten amerikanischen Truckhersteller wurden während der letzten 30 Jahre von europäischen Firmen übernommen. Seitdem hat sich die Technik enorm verbessert. Bei Freightliner regieren nun die Bosse von Daimler-Chrysler.

An die Nobelkarossen aus dem Hause Daimler-Benz haben sich die Amerikaner längst gewöhnt. Zumindest in Kalifornien, Florida und Texas strahlt der Stern hell und häufig auch auf amerikanischen Straßen. Sogar die reichen Rancher und Ölbarone fahren Mercedes. Was die meisten aber nicht wissen: Auch die monströsen Trucks mit dem Freightliner-Emblem am Kühlergrill gehören dem deutschen Nobelkonzern. 250 Millionen Dollar betrug die Kaufsumme, die von den Deutschen am 31. Juli 1981 bezahlt wurde.

In diesem Jahr hatte die amerikanische Truckproduktion den absoluten Tiefpunkt erreicht. Nachdem allein Freightliner im Rekordjahr 1977 noch über 170000 Trucks verkauft hatte, waren es vier Jahre später nur noch 70000. Und bei den anderen amerikanischen Truckherstellern war es nicht anders. Während der fetten Jahre hatten die meisten versäumt, sich um technische Neuentwicklungen zu kümmern, und jetzt zahlte man den Preis dafür. Europäische Konzerne kauften sich gleich reihenweise ein. Renault übernahm satte 46 Prozent der Bullenmarke Mack und stieg auch gleich noch beim Personenwagen- und Jeep-Hersteller AMC ein, der schwedische Volvo-Konzern übernahm White, und auch die Japaner standen bereits in den Startlöchern.

Freightliner begann als hauseigener Betrieb in den 30er-Jahren. Leland James, rühriger Besitzer einer Spedition namens Consolidated Freightways, hatte festgestellt,

◄◄ Erst seit 1947 gibt es den Firmennamen Freightliner, die Trucks der Firma rollen aber schon seit den 1930er-Jahren über amerikanische Straßen. Inzwischen gehört Freightliner zum DaimlerChrysler-Konzern.

▼ Unter den Fahrern zählt Freightliner zu den Lieblingsmarken. Denn der Hersteller blieb sich immer treu, und neben Peterbilts gelten Freightliner als amerikanischste Trucks.

▲ Das Cockpit eines Freightliner-Trucks wird durch übersichtlich angeordnete Instrumente und leicht verständliche Technik bestimmt.

▶▶ Seite 59/60/61: Die Palette reicht vom klassischen Cab-Over bis zum wendigen Kleinlaster. Besonders beliebt ist immer noch die kantige Form der frühen Hauben – mit der modernen windschnittigen Variante freunden sich die US-Fahrer nur zögernd an.

dass er leistungsstärkere und zugleich leichtere, vor allem aber profitablere Trucks für seinen Betrieb benötigte, und da es diese auf dem Markt nicht gab, beschloss er, sie selber zu bauen. Er entwickelte die erste Cab-Over-Engine-Zugmaschine, zog 1940 mit seiner Freightways Manufacturing Company nach Utah und baute dort die Cab-Over-Zugmaschine CF 100. Die Kabine war aus Aluminium gefertigt, eine Sensation für die damalige Zeit. 1947 wurde der Firmenname in Freightliner abgeändert, und man zog um nach Portland, Oregon.

Einen historischen Wendepunkt in den Annalen von Freightliner markiert das Jahr 1950. Damals rückte man zum ersten Mal von der Devise ab, nur für den eigenen Bedarf zu produzieren, und verkaufte einen Truck an die benachbarte Hyster Company. Die konnte mehr als zufrieden sein mit dem Kauf: Der Truck brachte es auf sage und schreibe vier Millionen Kilometer und steht heute in einem Museum in Washington D. C.

Was Freightliner zum Erfolg fehlte, war ein Händlernetz. Dieser Mangel führte zu einer kurzlebigen Ehe mit der White Company, und man kann heute noch Trucks mit der Markenbezeichnung Freightliner-White über die Highways brausen sehen. Was auch fehlte, war ein konventioneller Hauber, den man dann selbst entwickelte. Zu Beginn der 70er-Jahre mussten die Freightliner-Bosse nämlich feststellen, dass die amerikanischen Fahrer vor allem Trucks mit langer Schnauze bevorzugten, und diesen Markt wollte man nicht kampflos preisgeben. Also musste ein Hauber her.

Doch auch der Hauber bewahrte die Firma nicht vor einer rasanten Talfahrt und konnte nicht verhindern, dass sie im Juli 1981 von Daimler-Benz geschluckt wurde. Bereits Anfang August tauchten die ersten deutschen Bosse in den USA auf und inspizierten die vier Werke ihrer neuen Firma. Sie schlugen die Hände über dem Kopf zusammen. Wo in ihrer Heimat längst computergesteuerte Maschinen und Produktionsroboter im Einsatz waren, hantierten hier noch Arbeiter mit altmodischen Bohr- und Spritzmaschinen. Also beschloss man, Freightliner zuerst einmal mit deutscher Technologie und einer kräftigen Finanzspritze zu modernisieren. 50 Millionen Dollar wurden in die amerikanische Firma investiert.

Doch bis die Daimler-Bosse ihre Vorstellungen komplett umgesetzt haben werden, dürften wohl noch einige Jahre ins Land ziehen. Ihrer Tradition, Motoren, Getriebe, Achsen und Lenkungen von teils verschiedenen fremden Herstellern einzubauen, werden die Amerikaner nicht so schnell abschwören. „Es wäre auch falsch, alles mit der Brechstange umzukrempeln", sagt ein Sprecher der Stuttgarter Autobauer, „wir haben Zeit. Irgendwann werden wir nur noch eigene Komponenten verwenden."

FREIGHTLINER

Auf dem Bock Trucker und Truckerinnen

Wo Al Capone eine Party schmiss

Seit 1925 gibt es Grane Transportation in Chicago. Ein Familienbetrieb, der die wilde Gangsterzeit und die Wirtschaftskrise längst überstanden und sich zu einem modernen Serviceunternehmen entwickelt hat.

Al Capone war heilfroh, dass es Grane Trucking gab: Während der Prohibition in den 20er-Jahren, als Herstellung, Transport und Verkauf von Alkohol in den USA verboten waren, parkte er seine Laster mit dem Schmuggelgut in den Garagen der Firma. Hubert Grane musste sich dem Willen des Gangsterbosses fügen, ansonsten wäre er von dessen Killern erschossen worden. „Das waren gefährliche Zeiten", berichtet Bud Grane, der die gut gehende Spedition um 1960 von seinem Vater übernommen hatte. „Al Capone hatte Chicago fest im Griff. Nur ein Narr konnte versuchen, sich gegen ihn und seine Männer aufzulehnen." Immerhin ließ sich der Gangsterboss die nicht ganz freiwillige Unterstützung etwas kosten: Sobald die Cops außer Sichtweite waren, schmiss er eine imposante Party für die Angestellten von Grane Trucking – natürlich mit reichlich Whiskey.

Grane Trucking gibt es seit 1925. Hubert „Buzz" Grane gründete die Spedition zusammen mit seinem Schwager, und er setzte auch während der Wirtschaftskrise in den späten 20er- und frühen 30er-Jahren auf Expansion. Buzz karrte Maschinenteile nach Illinois, Wisconsin, Iowa und Indiana, und bereits nach einem Jahr kaufte er seinen sechsten Lastwagen. Sein Sohn Bud erzählt: „Mein Dad war 17, als es losging. Er ließ sich nicht so leicht unterkriegen. Die weitesten Touren machte er selbst, und wenn

◄◄ Trucker und Truckerinnen haben einen harten Job. Jeden Tag auf der Straße, kilometerlange Staus, nervende Baustellen und peinlich genaue Polizeikontrollen – das zehrt an den Nerven. Und doch lieben sie ihre Arbeit. Weil sie (beinahe) so unabhängig wie früher die Cowboys sind und interessante Leute treffen.

◄ Bud Grane (Mitte) fuhr bereits als dreizehnjähriger Junge bei seinem Dad mit. Das war 1949. 1960 übernahm er die Firma und entwickelte sie zu einem erfolgreichen Serviceunternehmen. Inzwischen hat er die Firma an seine Söhne weitergegeben: „Um Grane Transportation mache ich mir keine Sorgen!"

▲ Buzz Grane führte die Firma bereits als Siebzehnjähriger. Zu seinen ersten Fahrzeugen gehörte dieser Mack Truck in den 1940er Jahren. Während des Zweiten Weltkriegs transportierte er vor allem Munition und Torpedos für die Marine. Auf seinen Trucks warb er für Kriegsanleihen.

irgendwo Not am Mann war, griff er halt zum Schraubenschlüssel. Er fuhr für Kroshell Engineering, eine große Baufirma, und hatte mehrere Tankzüge laufen." Zur Zeit des Zweiten Weltkriegs transportierte er Torpedos für die Marine. „Auf jeder Tour waren die MPs dabei."

Trucking war schon damals kein Zuckerschlecken. Die Straßen waren schlecht, und die Laster schafften keine 50 Meilen in der Stunde. Wenn es eine Panne gab, musste man oft tagelang auf Ersatzteile warten. Bud Grane erzählt: „Ich half schon kurz nach dem Krieg mit, da war ich erst 13. Das erste Mal war ich mit meinem Daddy 1949 unterwegs. Wir luden schwere Maschinenteile von einem Güterzug auf unsere Lastwagen um. Ein echter Knochenjob!"

Nach der High School ging Bud aufs College, und bereits 1960 übernahm er die Firma von seinem Vater. Der war im selben Jahr ins Leasing Business eingestiegen und hatte die Grane Leasing Corporation gegründet. Bud: „Mir blieb gar nichts anderes übrig, als die Firma zu übernehmen. Mein Vater war schwer krank und konnte die Spedition nicht mehr führen."

Die „alten Hasen" empfingen den neuen Chef nicht mit offenen Armen. Für ihre Begriffe war der 24-jährige Juniorchef noch feucht hinter den Ohren. Aber Bud arbeitete hart und verdiente sich schnell die Anerkennung der erfahrenen Mitarbeiter. Innerhalb nur weniger Jahre machte er Grane Transportation Lines zu einem der größten Frachtunternehmen von Chicago. 120 Zugmaschinen und knapp 300 Anhänger und Auflieger zählen zu seinem Fuhrpark. Über 190 Angestellte arbeiten für ihn.

Zu den Hauptkunden von Grane gehört Tropicana. Der bekannte Saftproduzent ist ebenfalls in Chicago beheimatet und profitiert vom umfassenden Serviceangebot der Spedition. Bud: „Wir vermieten unsere Trucks an sie, übernehmen das Auf- und Abladen, die Lagerhaltung und die komplette Logistik. Sie stellen die Fahrer, die auch

für den Verkauf zuständig sind, und verwalten das computergesteuerte Bestellsystem." Ein perfektes Zusammenspiel, das sich seit über einem Jahrzehnt bewährt hat.

Diese Kooperation ist vor allem ein Verdienst von Bud Grane, der bereits als 16-Jähriger auf dem Bock saß und kleinere Aufträge mit einem Lieferwagen übernahm. „Meine CDL (Commercial Driver's License) hab ich noch immer. Ich bin jahrelang selber gefahren und kenne die Probleme meiner Fahrer." Wahrscheinlich liegt es auch daran, dass dem einst beargwöhnten Juniorchef längst großer Respekt entgegengebracht wird. Joe Garza, seit 1978 bei der Firma und vom Werkstattleiter zum Vice President aufgestiegen, äußert sich anerkennend über seinen Boss: „Bud hat für jedes Problem eine Lösung!"

Seit 1970 befindet sich das Zentrum des Grane-Imperiums im Südwesten Chicagos. Hier sind alle Abteilungen des Fuhrunternehmers unter einem Dach vereint – die riesigen Lagerhallen, die Büros und die Werkstatt. Allein die Lagerhallen beanspruchen über 45000 Quadratmeter Fläche. Die Fahrer (und einige Fahrerinnen) sind handverlesen. Dan Burke, der Chefdisponent der Firma: „Wir stellen nur absolut zuverlässige Fahrer ein. Leute, die ihren Job mögen. Sie müssen über mindestens drei Jahre Berufserfahrung verfügen und werden von uns gründlich getestet, bevor sie allein auf die Straße dürfen."

Mit allen Fahrern steht der Dispatcher im direkten Funkkontakt. Trailer Control Cards zeigen ihm, welche Ladung zu welchem Zielort unterwegs ist. „Wir arbeiten nach dem KISS-Prinzip – ‚Keep It Simply Stupid!' – was so viel heißt wie: ‚Halte alles so einfach wie möglich!'" Dan Burke stellt nüchtern, doch mit einem kleinen Anflug von Stolz fest: „Wir sind sehr flexibel!"

Zur Flotte gehören Zugmaschinen und Trucks von International, Ford, Freightliner und Sterling. „Die Sterlings eignen sich am besten für den dichten Stadtverkehr", so die Erfahrung von Vincent P. Volpe, dem Werkstattleiter.

▲ Nach dem Krieg transportierte Buzz Grane vor allem Maschinenteile. Sein Sohn Bud half ihm bereits als kleiner Junge. Mit einem Truck wie diesem ging es in den späten Vierzigern durch Chicago und Umgebung. Weite Fahrten waren damals noch nicht drin, außer über die neue Route 66.

▲ In den 1960er-Jahren wuchs Grane Corporation zu einem stattlichen Unternehmen heran. Bud Grane kaufte zahlreiche kleinere Firmen und vereinte sie unter dem Dach seines Imperiums.

▶▶ Seite 68/69: Während der wilden 1950er-Jahre gehörten auch diese Ungetüme zum riesigen Fuhrpark der Grane Corporation. In einem Vorort von Chicago warteten sie auf ihren Einsatz.

Er sorgt dafür, dass die Fahrzeuge in Schuss bleiben: „Wir behalten unsere Trucks ungefähr zwölf Jahre. Etwa alle 25000 Meilen kommen die Zugmaschinen zur Inspektion, die City Trucks alle 15000 Meilen. Die meisten Reparaturen erledigen wir selbst. Unser Ersatzteillager kann sich sehen lassen."

Hubert „Bud" Grane ist stolz auf sein Lebenswerk. Es fällt ihm sichtlich schwer, das Kommando zu übergeben. Vor ein paa´ Monaten war es so weit. Da übernahmen seine Söhne Allan und Paul die Leitung der Firma. „Wir sind ein Familienbetrieb", sagt Bud stolz. Und er verrät er uns noch, dass seine Familie auch Wurzeln in Deutschland hat: „Meine Großeltern sind um 1870 nach Amerika ausgewandert, mein Großvater stammte aus Nürnberg und meine Großmutter aus Köln. Ich fahre jedes Jahr einmal nach Deutschland."

Er schätzt den Kaffee dort. Und natürlich das deutsche Bier. „Beim letzten Oktoberfest hab ich jedes Zelt fotografiert!" Und vermutlich hat er nicht nur eine Maß bis zum letzten Tropfen geleert…

◀ Nur noch für Oldtimer-Treffen wird dieser historische Ford Pickup betankt. Er gehört zu den Sammelstücken des Firmenbesitzers.

▲ Als alteingesessene Chicagoer Familie nahmen die Granes an den wichtigsten Paraden durch die Innenstadt der Mega-City teil.

▼ In den Vororten von Chicago gehörten die Trucks der Grane Corporation zum alltäglichen Erscheinungsbild. Bud Grane denkt gern an diese Zeit zurück, obwohl er damals viel arbeiten musste, um seine Firma in eine neue Zukunft zu führen.

erno
84
86
INTERNATIONAL
84
E.W.
6400
INTERNATIONAL
88
E.W.
6400

88
Salerno
E.W. 7000
80
E.W.
5700
Salerno

MACK
U12 02K

Palmen-Trucker aus Florida

Javiel Perez, kubanischer Trucker im südlichen Florida, fährt alles, was im Sunshine State gedeiht: Orangen, Orchideen und – Palmen.

Javiel Perez schnappt sich die Palme mit dem Greifarm seines roten Schaufelbaggers und schleppt sie über das freie Feld. Er wuchtet die schwankende Last auf den Tieflader zu dem halben Dutzend anderer Palmen, die bereits in Reih und Glied auf den Transport warten. An den Wurzeln klebt Erde, mit Riemen wird die Fracht auf dem Anhänger befestigt. Die Sonne brennt vom blauen Himmel herab, und Javiel schwitzt. Er ist mit den Marielitos aus Kuba gekommen, vor 20 Jahren, als der kubanische Hafen für Flüchtlinge geöffnet war. Damals war er noch ein Kind und bekam gar nicht mit, in welche Gefahr er sich begab. Auf einem windschiefen Boot trat er mit seinen Eltern und Verwandten die Überfahrt an. In Miami schlugen sie sich mit Gelegenheitsjobs durch. Javiel: „Wir wohnten ein paar Jahre in Little Havana, dem kubanischen Viertel von Miami, und mein Vater schlug sich als Gemüsehändler durch. Meine Mutter arbeitete in einer Botanica und verkaufte Heiligenfiguren. Ich hab mich auf den Plantagen rumgetrieben, und seit ein paar Jahren arbeite ich für Señor Manuel."

Manuel Diaz, der Besitzer der riesigen Palmenplantage, kam vor 40 Jahren mit seinen Eltern nach Florida, damals war er knapp zwölf Jahre alt. Zehn Jahre später eröffnete er seine erste Farm. „Ich habe im Garten meiner Mutter angefangen", berichtet der erfolgreiche Geschäftsmann, während wir in seinem Bungalow sitzen und süßen Eistee trinken, „das war vor gut 30 Jahren. Damals habe ich meine ersten Palmen verkauft. Ich hatte immer schon ein Faible für Bäume. Jeder Baum ist ein Kunstwerk." Der Kubaner hat Betriebswirtschaftslehre an der University of Miami studiert, wollte aber Farmer werden. Sein Vater hatte Tabak in Kuba angebaut. „Am meisten habe ich durch Erfahrung gelernt", gesteht er, „ich habe viele Fehler gemacht, doch beim nächsten Mal hatte ich dazugelernt." Sein ganzes Augenmerk gilt der Qualität seiner Pflanzen. Täglich lässt er sich auf seinen Feldern sehen. „Ich liebe die Natur und behandele jeden Baum wie ein Kind." Nur 20 Prozent aller Palmen werden kommerziell genutzt, der Rest sieht nicht makellos genug aus, um sich für Hotelanlagen und Shopping Centers zu eignen. „Ich interessiere mich einfach für die Bäume und sammle auch seltene Pflanzen."

Manuel hält seinen Geländewagen an und hilft Javiel, die letzte Palme festzubinden. Er packt gern selber mit an, immer noch. Er klopft seinem Angestellten auf die Schultern. „Javiel ist ein echter Trucker. Hat er euch das erzählt? Er hat schon Orangen und Orchideen durch Florida gekarrt, stimmt's, Amigo?" Javiel nickt. Das war einige Jahre, bevor er bei Manuel Diaz angefangen hat. „Hier verdiene ich mehr", sagt er später, „ich hab den Jungs auf dem Truckstop immer gesagt, lasst euch von einer Firma anstellen, dann habt ihr keinen Ärger. Als selbständiger Fahrer bist du ein armer Hund, auch in Florida. Die Speditionen unterbieten alle Preise und schnappen dir alle Ladungen weg. No, amigo, bei Manuel bin ich gut aufgehoben. Der Alte ist schwer in Ordnung!"

Er steigt in seinen weißen Mack, einen von 25 Trucks, und fährt die Palmen über einen schmalen Feldweg zum Highway. Die Pflanzen sind für ein großes Hotel in Phoenix bestimmt. Phoenix, Arizona, das sind rund 2000 Meilen. Natürlich drehen sich die anderen Fahrer um, wenn er mit seiner seltsamen Fracht auf einem Truckstop auftaucht. „Wo willst du denn mit dem Blumenladen hin?",

▲ In Florida beginnt die Wildnis gleich hinter den Prachtbauten von Miami und Fort Lauderdale. Und dort haben nicht nur Schulbusse, sondern auch Tiere Vorfahrt.

◄◄ Von der Plantage in Homestead, einem kleinen Ort südlich von Miami, gehen die schönsten Palmen der riesigen Plantage auf große Tour. Auf riesigen Aufliegern werden die Pflanzen zu Hotelanlagen und Shopping Centern transportiert. Der weiße Mack gehört zur 25 Fahrzeuge starken Flotte von Manuel Diaz.

▲ Manuel Diaz kam als zwölfjähriger Junge mit seinen Eltern nach Florida. Zehn Jahre später eröffnete er seine erste Farm. Seine Liebe zu Pflanzen entdeckte der Kubaner im Garten seiner Mutter; damals verkaufte er seine ersten Palmen. Heute besitzt er ein gewaltiges Imperium, das Palmen in alle Welt liefert.

fragen sie. „Aber das bin ich gewohnt", meint Javiel, „mir sind Palmen lieber als ein Auflieger voller Kühe oder Schweine." Nur in Gewitter kommt er nicht gern. „Aber den Palmen kann nichts passieren", versichert Javiel, „das sind Bismarcks, die haben sogar Andrew getrotzt."

Der nach dem deutschen Reichskanzler benannten widerstandsfähigen Palme mit den silbernen Blättern konnte der Hurrikan keine großen Schäden zufügen. Noch besser hielten sich die stämmigen Royal Palms, und die kleinen Dattelpalmen verbeugten sich so tief vor dem Wirbelsturm, dass er ihnen kaum etwas anhaben konnte. „Der Rest war ein Desaster", gesteht Manuel Diaz, als wir Javiel im Geländewagen folgen, „ich habe 50 Millionen durch Andrew verloren." Von dem Hurrikan, der 1992 Südflorida verheerte, spricht jeder in Homestead. Der Sturm fegte fast die gesamte Vegetation von dem schmalen Landstreifen – viele Farmer mussten aufgeben und zogen nach Arizona oder Kalifornien. Manuel Diaz blieb und gehört heute zu den reichsten Baumzüchtern des Landes. Über eine Million Palmen wachsen auf seinen Feldern, bevor sie auf flachen Aufliegern durch die gesamten USA transportiert werden. Vor allem große Hotels, aber auch Gemeinden gehören zu seinen Kunden. „Die schönsten Palmen behalte ich selber", verrät Manuel Diaz lachend, „die wachsen direkt vor meinem Haus."

Wasser, Licht und Dünger sind für Palmen lebenswichtig. In Homestead, dem fruchtbaren Zentrum zwischen Miami und Key Largo, herrschen ideale Bedingungen. „Die Luftfeuchtigkeit schwankt zwischen 80 und 85 Prozent, und jährlich fallen ungefähr 160 Zentimeter Regen, besser geht es den Palmen auch in Kalifornien nicht. Homestead ist das Napa Valley von Florida, nur haben wir den warmen Wind aus der Karibik, der bekommt den Palmen sehr gut."

120 Angestellte arbeiten auf den endlosen Feldern. „Palmen werden nach der Größe bezahlt", erklärt Manuel, „ein Fuß (ca. 30 cm) Bismarckpalme kostet 50 Dollar. Die größte Bestellung kam vom Four Seasons Hotel auf Puerto Rico, die haben für 2,5 Millionen Dollar Palmen eingekauft. Auch die Bäume auf Fisher Island in Miami sind von mir." Manuel lächelt und sagt: „Aber ich habe auch schon Palmen verschenkt. Die Palmen am Turnpike drüben, die sind fast alle von mir, dafür hat der Staat keinen Penny bezahlt."

Wir fahren an einer langen Reihe von Bismarck-Palmen vorbei. Dahinter ragen die Stallungen des Kubaners empor. Er züchtet Pferde. „Seht ihr, was die Palmen ausmachen?", fragt er. „Eigentlich ist Florida ein hässlicher Staat. Ich möchte nicht wissen, was die Spanier gesagt haben, als sie die Küste sahen. Aber mit Palmen kann man viel wettmachen. Leider haben viele Leute keine Ahnung von Bäumen, nur zwei Prozent aller Menschen in Florida können einen Baum vom anderen unterscheiden. Und nur fünf Prozent aller Schulen im Miami-Dade County haben Bäume auf dem Schulhof stehen. Das möchte ich ändern. Ich möchte eine Million Bäume in Florida pflanzen, aber der Staat wehrt sich dagegen und kommt mir mit irgendwelchen Bestimmungen. Welche Orte sind denn wohl am schönsten? Ganz einfach: diejenigen, in denen es viele Bäume gibt! Stimmt's?"

Wir halten an der Kreuzung und winken Javiel zu, der mit seiner Fuhre Palmen nach Norden fährt. In knapp einer Woche werden die Bäume in Phoenix eingepflanzt. Und Javiel kommt mit dem leeren Tieflader zurück, neue Palmen laden. „Wir haben genug Arbeit", sagt Manuel, „wird Zeit, dass ich selber mal eine Tour übernehme." Ich kann mir gut vorstellen, dass er morgen auf einen seiner Macks steigt und mit einem Dutzend Palmen davonfährt.

▲ Javiel Perez arbeitet seit einigen Jahren als Trucker. Als kleiner Junge kam er mit seinen Eltern auf einem windschiefen Boot nach Florida. Sein Vater schlug sich mit Gelegenheitsjobs durch, seine Mutter verkaufte Heiligenfiguren. Den Job bei Manuel Diaz würde er „für nichts in der Welt" eintauschen.

Yesterday
Live Today
Dream Tomorrow
V8
SCANIA

Sigi Reil: Stress hält jung!

Sigi Reil gehört zu den Showtruckern der ersten Stunde und ist auf vielen Festivals Stammgast. Über 30 Jahre lang war er im Fernverkehr unterwegs, jetzt fährt er Container im Nahverkehr.

Seit zehn Jahren fährt Sigi Reil als selbständiger Unternehmer. Für seinen großen Traum, einen superstarken Scania, schuftete er Tag und Nacht. Auf der Rückseite des Fahrerhauses steht sein englisches Motto: „Don't dream your life, live your dream!" Zu Deutsch: „Träum nicht von einem besseren Leben, lebe deinen Traum!" Und das tut Sigi, auch wenn es manchmal nicht so aussieht. Denn es gibt sicher leichtere Jobs. Aber in welchem Beruf ist man schon ständig auf Rosen gebettet? Sigi geht es vor allem darum, sein eigener Herr zu sein. Unterwegs spürt er die Freiheit, die er als Angestellter nicht mal ansatzweise erleben würde. *King of the Road?* König der Landstraße? Nicht immer, aber manchmal. Einen Romantiker wie Sigi wirft auch ein Stau nicht um. Er fährt als Subunternehmer für eine Spedition, kutschiert Container aus dem Nürnberger Hafen durch Nordbayern. Kein Vergleich zu seinem früheren Job, als er noch schwere Geräte durch Europa transportierte und enormem Stress ausgesetzt war.

Sigi Reil hat über 250 Pokale als Auszeichnung für seine aufgemotzten Trucks gewonnen. Er ist der „gute Geist" zahlreicher Festivals und wird von Veranstaltern und Kollegen als besonders freundlicher und hilfsbereiter Zeitgenosse geschätzt. Es gibt kaum einen anderen Fahrer, der als Showtrucker und gewöhnlicher Lkw-Fahrer gleichermaßen erfolgreich ist. Als Automechaniker hat er angefangen. Kaum hatte er seinen Führerschein, ging es auf die Straße. „Seit über 30 Jahren bin ich schon unterwegs", berichtet er stolz. Eines seiner ersten Fahrzeuge war ein Mercedes 1619, dann ging es mit einem Mercedes 2232 in die schwere Klasse. Sein Rekord mit diesem „Convoy"-Truck: 13 Jahre und 1,4 Millionen Kilometer. 1987 heiratete er seine Andrea, die damals noch selber mit einem Lkw unterwegs war. Als Brautwagen diente ein Ford 9000 der Firma PAP-Star. Im selben Jahr gab es einen Super-Pokal für das Truckerehepaar von Dieter Kniebaum vom Autohof Berg. Als Fahrer des Thurn-und-Taxis-Trucks sammelte er Promotionerfahrung. Mit einem nagelneuen Scania kutschierte Sigi gefrorene Wiesenhof-Hähnchen durch Deutschland, dann ging die Firma pleite, und er wechselte nach einer kurzen Durststrecke zur BAYWA. Seit 1995 ist er selbständig, anfangs im Fernverkehr und seit einigen Jahren im Nahverkehr.

Die Sehnsucht nach der Ferne ist geblieben, aber der Druck auf einen Einzelkämpfer wie ihn war zu groß geworden. „Die Maut hätte mich geschafft." Doch England würde ihn immer noch reizen: „Da sind die Autobahnen einwandfrei. Du darfst 96 km/h fahren – kein Blinken, kein Hupen, kein unnötiges Auffahren." Nur die Preise dort machten ihm zu schaffen. „Einen Autohof darfst du gar nicht erst anfahren. Wenn du länger als zwei Stunden bleibst, ist eine Parkgebühr von 15 Euro fällig, und die kannst du nicht mal verrechnen. Wer sich drücken will und erwischt wird, muss 150 Euro Strafe abdrücken."

Auf vielen Festivals gehört Sigi immer noch zu den Stammgästen, nur nicht am Nürburgring, wo man als Fahrer ordentlich zur Kasse gebeten wird. Auf Pokale ist er inzwischen nicht mehr besonders scharf. In seinem Büro stehen die schönsten Pötte in einer Vitrine. Doch das Kultfest im hessischen Birstein lässt er sich niemals entgehen. „Birstein ist der absolute Hammer. Ich weiß nicht, woran es liegt, aber entweder gießt es dort in Strömen,

▲ Sigi Reil lässt sich die Laune nicht verderben. Nicht mal der starke Konkurrenzdruck, die Maut oder persönliche Probleme haben den vorbildlichen Kutscher kleingekriegt.

◄◄ Seit über 30 Jahren ist Sigi Reil unterwegs. Allein 1,4 Millionen Kilometer spulte er mit einem Mercedes 2232 ab. Inzwischen ist er auf einen Scania umgestiegen. „Convoy", der Name seines Trucks, und sein englisches Lebensmotto stehen in großen Lettern auf dem Fahrerhaus.

▶▶ Seinem geliebten Scania ist Sigi Reil treu. Der Oberpfälzer pflegt die schwere Zugmaschine wie einen kostbaren Oldtimer, schraubt und putzt jedes Wochenende daran herum und ist besonders stolz auf die vielen Scheinwerfer und Lampen. Auf dem Auflieger wirbt er für den Autohof in Berg, den Lieblingstruckstop vieler Fahrer.

und alles wälzt sich im Schlamm, oder die Sonne brennt so heiß vom Himmel, dass man vor Hitze kaum laufen kann. Gefeiert wird bis zum Umfallen. Wenn auf anderen Festivals längst alle schlafen, geht es in Birstein erst richtig los. Um drei Uhr nachts kommt die letzte Band auf die Bühne." Ein Höhepunkt der letzten Jahre: der Badewannen-Auftritt von Larry Schuba. Der Countrysänger hatte versprochen, zu seinem Fünfzigsten in einer Badewanne mit Bier zu baden. „Eine Riesengaudi! Larry lässt es ordentlich krachen, da stehe ich in der ersten Reihe."

Böse wird Sigi nur, wenn an seinem Truck etwas nicht stimmt. So wie auf einer Fahrt über die A99, als die Birne in einem seiner Zusatzscheinwerfer kaputtging. Sigi gesteht: „So was regt mich wahnsinnig auf, das ganze Bild wird zerstört." Denn Sigi ist ein Perfektionist, und ihm ist sehr daran gelegen, dass sein geliebter Scania „wie aus dem Ei gepellt" aussieht. Auch wenn ihn manche wegen der vielen Lichter für einen „rollenden Christbaum" halten. Aber Spaß muss sein, wenn man die ganze Nacht auf der Autobahn zubringt …

▶ Auch wenn er für den Autohof in Berg Werbung macht, kehrt Sigi Reil gerne in Uhrsleben ein. Dort hat Vera Naumann das Sagen: „Der Sigi ist bei allen Fahrern beliebt, weil er so natürlich ist!" Zu den Stammgästen gehörte Sigi auch jahrelang auf den großen Festivals. Selbst brütende Hitze hielt ihn nicht vom Besuch der angesagten Truckertreffen ab – schließlich war die nächste „Wasserstelle" nur ein paar Schritte entfernt. Seit einiger Zeit ist er häuslicher geworden …

SCANIA
SIGI
SAD SR 530

CONVOY
A9
Abfahrt 31
AUTOHOF
BERG
SCANIA

CONVOY
66
Ein Stück Heimat
Unterwegs
BERG
SCANIA

ROHR
Fahrzeugwerke · Tel. 09421-73050

◀ Junge Stars wie Jennifer schaffen in Branson den Durchbruch oder eröffnen selbst ein Theater und richten sich auf lange Spielzeiten an der Glitzermeile ein. Die Fans, meist betagte Senioren oder Familien, pilgern in Reisebussen in das neue Country-Mekka und buchen die Shows gleich mit – wie in Las Vegas.

▼ Und einstmals große Stars wie Andy Williams lassen es in Branson langsam ausklingen. Hier haben Fans die Gelegenheit, ihre einstigen Idole noch einmal zu erleben.

▼ Riesige Hotelkomplexe warten auf die vielen tausend Besucher, die jeden Sommer in die kleine Stadt in den Ozark Mountains strömen. Besonders auf Familien ist man eingerichtet.

Branson – Das neue Countrymekka

Die unscheinbare Stadt in den Ozark Mountains entwickelte sich zu einem Little Las Vegas – und zu neuem Mekka der traditionellen Countrymusic.

„Ladies and Gentlemen, and here is Jim Stafford ...“ Der erfolgreiche Komiker betritt die Bühne, begleitet von einem Chor tanzender Plüschhühner, und singt einen seiner großen Hits. Sein bunter Anzug glitzert im Scheinwerferlicht. Tosender Beifall, als er sein „Spiders and Snakes“ anstimmt, mit leuchtenden Schlangen tanzt und ein silbernes UFO über dem Publikum schweben lässt.

Gitarren und Fiddles, glitzernde Kostüme und buntes Licht, Hillbilly-Humor, Countrymusic und erstaunliche Special Effects. Showtime in Branson, Missouri. So heißt das neue Mekka der amerikanischen Countrymusic. Die kleine Stadt in den Ozark Mountains, vor einigen Jahren noch ein unscheinbares Nest, ist zu „America’s Biggest Little Town“ und zur „Live Entertainment Capital of the World“ geworden. Nicht mal in New York oder New Orleans wird so viel Livemusik geboten. In über 40 Clubs steht Countrymusic auf dem Programm, brennen betagte Stars wie Mel Tillis und Moe Bandy und Newcomer wie Pierce Arrow und Jennifer ein wahres Show-Feuerwerk ab. Mit pompösen Konzerten, musikalischen Zeitreisen in die 50er-Jahre, ländlicher Comedy und farbenprächtigen Revuen im Las-Vegas-Stil hat Branson dem eher beschaulichen Nashville inzwischen das Wasser abgegraben. Selbst legendäre Stars wie Tim McGraw, Willie Nelson und Reba McEntire treten gerne in der Stadt am malerischen Lake Taneycomo auf.

Wie Perlen an einer langen Schnur liegen die Theater am Strip. Wenn es dunkel wird und flackernde Neonlichter die Nacht erhellen, erinnert der Highway tatsächlich an diese berühmte Straße in Las Vegas. Schier endlose Autoschlangen schieben sich über den Highway 76. Die „Baldknobbers“, eine fröhliche Hillbilly-Familie mit Musikern und Comedians, sind schon seit 1959 in Branson und zogen neun Jahre später an den Strip um, dicht gefolgt von den Presleys, die mit ihrer hausgemachten Mountain Music an die Hillbilly-Shows der 50er-Jahre erinnern. 1983 eröffnete Roy Clark sein Celebrity Theatre, den ersten Club eines berühmten Künstlers, der die einträgliche Saison in Branson dem Leben *on the road* vorzog. Ihm folgten Stars wie Mel Tillis, Mickey Gilley, Moe Bandy und der inzwischen leider verstorbene Boxcar Willie. Andy Williams brachte einen Hauch von Broadway nach Branson. Eine ganz besondere Attraktion ist die farbenprächtige Revue des japanischen Fiddlers Shoji Tabuchi.

▼ Als bunte Glitzermeile zieht sich der Strip durch die Innenstadt von Branson. Wie Perlen an einer langen Schnur säumen Musiktheater, Restaurants und Hotels die abends meist verstopfte Straße.

Ruth Mueller – Allein in der Wildnis

Ruth Mueller fährt einen Logging Truck – einen Holzlaster. Im kanadischen Busch, fernab der Zivilisation, karrt sie Baumstämme durch die ungezähmte Wildnis. Eigentlich ein Knochenjob für harte Männer.

Alles Mueller im kanadischen Busch: Ruth Mueller, die Tochter eines deutschen Einwanderers und einer Indianerin aus Bella Coola, steuert einen Truck durch das kanadische Hinterland am abgelegenen Highway 20. Sieben Tage die Woche und 12 bis 15 Stunden am Tag. Fernab der Zivilisation, im Südwesten von British Columbia, ist sie allein in den Wäldern unterwegs und transportiert Baumstämme ins Sägewerk ihres Lebensgefährten. Ein harter Männerjob, der eine ganze Frau verlangt. Dabei sieht die 30-Jährige eher zierlich aus. Mit ihrem einnehmenden Wesen und ihrem strahlenden Lächeln würde sie auch im fernen Vancouver eine gute Figur machen. Aber von der Großstadt will sie nichts wissen. Sie fühlt sich wohl im Chilcotin Country, vier Autostunden vom nächsten Supermarkt und eine halbe Ewigkeit vom bunten Stadtleben in der kanadischen Metropole entfernt.

An diesem Sonntag darf sie ausschlafen. Sie erscheint erst um halb neun im Sägewerk und steigt lachend aus ihrem Geländewagen. In ihren Arbeitsschuhen, den Jeans und der leichten Strickjacke über dem T-Shirt sieht sie

◀◀ Ruth Mueller, die Tochter eines deutschen Einwanderers und einer Indianerin, arbeitet als Truckerin im kanadischen Busch. Abseits des einsamen Highway 20 ist sie mit ihrem Truck in den Wäldern unterwegs und transportiert Baumstämme ins Sägewerk ihres Freundes. Ein Knochenjob, der ihr Spaß macht.

◀ Sonntags ist Ruth ganz allein im Wald. Mit dem drehbaren Bagger befördert sie die schweren Baumstämme auf ihren Auflieger. Das Beladen des Trucks dauert nur wenige Minuten.

▲ Als Fahrerin eines Logging Trucks braucht Ruth keine Hilfe. Mit geübten Handgriffen sichert sie die gefährliche Fracht. Nur siebzehn Tage hat sie für den Führerschein gebraucht, das Beladen und die Arbeit mit dem Bagger hat sie sich selber beigebracht. Seit fünf Jahren ist sie in der Wildnis unterwegs.

eher wie eine Urlauberin aus, die im nahen Tweedsmuir Provincial Park wandern möchte. Die schneebedeckten Berge und spiegelglatten Seen des nahen Naturschutzgebiets glitzern im Sonnenlicht. Sie nimmt die Sonnenbrille ab, umarmt ihren Lebensgefährten und begrüßt die Angestellte, die ihren Truck gewaschen hat. „Der wird jeden Tag gewaschen, obwohl es gleich wieder über staubige Waldwege geht."

Der mächtige Western Star steht funkelnd vor dem Verwaltungsgebäude, eine von drei Zugmaschinen der West Chilcotin Transport Company. So heißt ihre Firma. Ruth Mueller ist selbständige Unternehmerin und beschäftigt zwei Fahrer, die aber am Wochenende zu Hause bleiben dürfen. Genauso wie die Holzfäller im 40 Kilometer entfernten Busch. Am Sonntag arbeiten nur die Chefs. „Ich bin unterwegs gewesen. Ich weiß nicht mal, wo die Stämme liegen", lacht die Truckerin, als sie die Zugmaschine vor dem Aufbruch überprüft.

Sie öffnet den obersten Knopf ihrer Strickjacke und macht sich an die Arbeit. Als Fahrerin eines Logging Trucks braucht sie keine fremde Hilfe. Vom Kommandositz über dem Fahrerhaus bedient sie den eingebauten Bagger und zieht die verschiebbaren Laufachsen mit der Schaufel auf die vordere Ladefläche. „Ich mache alles allein", erzählt sie stolz, „ich fahre den Truck, lade auf und lade ab. Alles andere wäre mir zu langweilig." Die Arbeit mit dem Bagger hat sie sich selber beigebracht, und das Fahren hat sie in William Lake gelernt, der nächsten größeren Stadt. „Um einen Logging Truck zu fahren, brauche ich den Airbrakes-Class-J-Führerschein, für den hab ich nur 17 Tage gebraucht." Seit fünf Jahren macht sie den Job. „Ich bin hier aufgewachsen, hab nach der Schule als Köchin in einem Ferienhotel gearbeitet. Dann hab ich die Männer mit ihren Logging Trucks gesehen und dachte mir, das kannst du auch. Seitdem ich mit Ken zusammenarbeite, läuft es besser als je zuvor." Sie blickt ihren

Lebensgefährten lachend an. „Obwohl er mir nicht glauben wollte, dass auch eine Frau diesen Job machen kann. Das geht ziemlich auf die Knochen, besonders im Winter, wenn die Straßen hart gefroren sind."

Ruth steigt auf den Bock und fährt los. Der Cat-Diesel brummt unter der Motorhaube, als sie die Gänge wechselt. Bis zu 100 Kilometer muss sie in den Busch fahren, um die gefällten und von Ästen gesäuberten Stämme zu holen. Drei, vier, manchmal auch fünf Fuhren muss sie schaffen, um einigermaßen was zu verdienen. Bis zu 350 Dollar bringt eine Ladung. Eine längere Pause ist nur im Frühjahr drin, wenn der schmelzende Schnee die Forstwege in eine Schlammwüste verwandelt. Dann ist ein Vorwärtskommen unmöglich. „Im Frühjahr fahren wir mit unserem Wohnanhänger in Urlaub. Letztes Jahr waren wir in Mexiko, da war es warm, und wir konnten baden."

Keine zwei Meilen hinter Anahim Lake, einer verschlafenen Siedlung am Highway, geht es auf einen staubigen Forstweg. Holzfäller haben ihn vor wenigen Wochen durch den Busch gehauen und mit einem Caterpillar notdürftig begradigt. Mit einer normalen Straße hat die Marson Meadow Road kaum etwas zu tun. Der Staub wallt in einer dichten Wolke unter den Rädern auf, und das Fahrerhaus schaukelt gewaltig. Wie ein braunes Band zieht sich der Trail durch den dichten Kiefernwald. In der Ferne ist die schneebedeckte Kuppe eines Bergs zu sehen. „Bären und Elche seh ich hier jeden Tag", sagt Ruth. Die Chilcotins gehören zu den wildesten Gebieten in Kanada; erst vor wenigen Jahrzehnten wurden sie erschlossen. Der Highway 20 von Williams Lake nach Bella Coola an der Pazifikküste ist nur zu einem Teil asphaltiert. Auf dem berüchtigten Streckenabschnitt zwischen Anahim Lake und Bella Coola schraubt sich die Schotterstraße in engen Serpentinen die Berge hoch.

„He, Leute! Irgendjemand im Wald?" Über Funk versucht Ruth einen Holzfäller zu erreichen. Sie will wissen, wo

▲ Mit sechzig Sachen donnert Ruth Mueller am Steuer ihres Western Star durch den kanadischen Busch. Wer einem Logging Truck auf einer solchen „Dirt Road" begegnet, sollte besser zur Seite treten, denn Bremsen ist in der Wildnis nicht drin. Unter der Motorhaube ihres Western Star brummt ein starker Cat-Diesel.

▲ Im Wald löst Ruth die Verriegelung der Laufachsen und zieht den Auflieger mit der Zugmaschine auseinander. Das Manöver dauert nur wenige Minuten.

▶▶ Bei Ruth Mueller sitzt jeder Handgriff. Routiniert bedient sie die Hebel ihres Baggers. Sie muss die Stämme genau an der richtigen Stelle erwischen, damit sie nicht herunterfallen. Ungefähr 30 Tonnen wiegt eine Ladung. Pro Tag schafft sie vier Fuhren. Zeit ist Geld, das hat sie schnell gelernt.

die Stämme liegen. Aber die Männer haben alle frei. Also folgt sie den Reifenspuren, die tief in den Busch hineinführen. Dann hat sie ihr Ziel erreicht. Die Stämme liegen gestapelt auf einer Lichtung, ungefähr 40 Kilometer vom Highway 20 entfernt. Ruth fährt dicht heran, löst die Verriegelung der Laufachsen und zieht den Anhänger mit der Zugmaschine auseinander.

Jeder Handgriff sitzt. Sie setzt sich den roten Schutzhelm auf, zieht die robusten Arbeitshandschuhe an und klettert auf den Kommandositz. Routiniert bedient sie die Hebel des Baggers. Wie das Maul eines Riesen beißt die Greifschaufel ins Holz und befördert es auf den Auflieger. Es liegt an Ruth, die Stämme genau an der richtigen Stelle zu erwischen, damit sie nicht kippen, und so abzulassen, dass möglichst viel Holz auf ihren Truck passt. Ungefähr 30 Tonnen ist eine Ladung schwer, und sie braucht keine Stunde, um die Stämme aufzuladen und mit Ketten und Stahlkabeln sorgfältig zu sichern.

„Gefällt wird nur das Holz, das vom Borkenkäfer befallen ist", erklärt sie, „es wird gemahlen und nach Vancouver und Japan verschifft." Umweltschützer beklagen die hässlichen *Clear Cuts*, die ganze Berghänge verschandeln, „aber die Bäume wachsen nach, und an vielen Stellen pflanzen wir neue". Ruth klettert auf den Bock und fährt auf den holprigen Trail zurück. Auch mit der schweren Ladung im Nacken bleibt sie cool. Der Truck schlingert durch den tiefen Staub und lässt den Dreck nach allen Seiten spritzen. Mit 60 Sachen donnert Ruth Mueller durch den Busch. „Heute wird's ein langer Tag", meint sie, „ich will mindestens noch drei Fuhren schaffen!" Sie blickt lachend durch den Staub vor der Windschutzscheibe: „Ist doch besser als in 'nem langweiligen Büro zu sitzen!"

VANGUARD
WESTERN STAR

Missouri
Carlile
ICC-MC 153893 US DOT 190356

Nach Norden, immer geradeaus

Trucker in der Wildnis Alaskas. Über den legendären Dalton Highway zum Polarmeer, durch eine der wildesten und aufregendsten Landschaften der Erde. Zweimal in der Woche macht sich George Spears mit seinem bulligen Truck auf diesen Höllentrip. Die einzige Tankstelle wartet in Coldfoot, im nördlichsten Truckstop der Welt.

Wie ein stählernes Monster donnert der bullige Western Star durch den morgendlichen Dunst. In eine riesige Staubwolke gehüllt, rauscht er durch den wilden Norden von Alaska, scheinbar blind gegenüber allem, was sich auf dem neun Meter breiten Highway bewegt. Nach Norden, immer weiter nach Norden, über den legendären Dalton Highway zu den Ölfeldern in der Prudhoe Bay. Zweimal in der Woche macht George Spears diesen Höllentrip, im Gepäck Bohrmaterial für die Ölfirmen. Das geht schon seit über 20 Jahren so. Ein Knochenjob, und doch würde der bullige Trucker mit dem Nikolausbart niemals etwas anderes tun wollen.

George Spears kommt eigentlich aus dem Mittelwesten. Es fing damit an , dass er in den späten 70ern einen Tanklaster über die Kenai Peninsula steuerte. Eine faszinierende Tour, doch ein Kinderspiel im Vergleich zu dem, was er heute macht. Seit 1979 fährt er über den Dalton

◀◀ Zweimal in der Woche geht George Spears auf die lange Fahrt über den scheinbar endlosen Dalton Highway. Im Sommer eine Staubpiste, im Winter ein weißes Band, stellt die Wildnisstraße höchste Anforderungen an den Trucker.

◀ In seinem neuen Western Star fühlt George sich wohl. Die schwere Zugmaschine hat ihn auf der beschwerlichen Fahrt noch nie im Stich gelassen.

▲ An der Trans-Alaska-Pipeline entlang führt der Dalton Highway bis zu den Ölfeldern an der Eismeerküste. Während die Pipeline gebaut wurde, war die ehemalige „Haul Road" eine Versorgungsstraße. Der Highway ist 415 Meilen lang und liegt auf einer ein bis zwei Meter dicken Kies- und Sandschicht, um gegen den Dauerfrost geschützt zu sein.

Highway. Damals hieß die Straße noch Haul Road. Ein gewöhnlicher Versorgungshighway, der für den Bau der Trans-Alaska-Pipeline angelegt wurde. In fünf Monaten, von April bis Oktober 1974, wurde die Straße der Wildnis abgerungen. Eine ein bis zwei Meter dicke Kies- und Sandschicht bedeckt den harten Boden, der auf einigen Teilstücken mit Plastikschaum bedeckt ist, um gegen den Permafrost isoliert zu sein. Die Pipeline ist 1287 Kilometer lang und führt von Prudhoe Bay am Polarmeer zum eisfreien Hafen von Valdez. Der Bau dauerte von 1974 bis 1977. Die Alyeska Pipeline, ein Konsortium der führenden Ölfirmen, stampfte das gewaltige Projekt aus dem Boden und wurde durch den massiven Protest der Umweltschutzorganisationen gezwungen, die Wildnis so schonend wie möglich zu behandeln und den Wildwechsel und die Wanderwege der Karibus nicht zu behindern. Bis vor kurzem durfte die Haul Road nur von den Lastern der Oil Companies befahren werden.

Der Dalton Highway – benannt nach einem Ingenieur aus Alaska – beginnt am Elliott Highway nördlich von Fairbanks und endet 415 Meilen (667 Kilometer) weiter nördlich in Dead Horse, wenige Meilen von der Prudhoe Bay entfernt. Dort befinden sich die größten Ölvorkommen der USA. Die Straße führt an der silbernen Pipeline entlang durch majestätische Wälder und arktische Tundra, durch die unzugängliche Brooks Range mit ihren schneebedeckten Gipfeln.

In diese abgelegene Wildnis kam man früher nur mit dem Buschflieger. Grizzlys und Schwarzbären, Elche, Bergschafe und Füchse kommen bis dicht an die Straße heran, im Hochsommer kreuzen riesige Karibuherden den Highway. George Spears: „Vor ein paar Jahren gab's einen Bären, den wir ‚Crooked Nose' nannten, wegen seiner krummen Nase, der wartete immer an derselben Stelle auf mich. Im Sommer bin ich manchmal von einer ganzen Karibuherde umgeben." Er lacht. „Menschen

begegnest du hier kaum. Aber wir unterhalten uns über Funk, und ich hab immer einen Stapel mit den neusten Country-CDs dabei. Und natürlich auch Klassiker wie Willie Nelson und Johnny Cash."

Nördlich vom Polarkreis, jenseits des Yukon Rivers, haben sich die Spurrillen tief in den Schotter gegraben. Aber es kommen nicht mehr ganz so viele Kurven, und George kann sich endlich eine Zigarette anzünden. „Du wirst lachen", meint er, „im Winter fahre ich lieber. Da ist der Boden fest, und es gibt keinen Staub und keine Moskitos. Gefährlich wird es erst, wenn du in einen White-Out gerätst. Dann wirbelt der Wind den Schnee hoch, und du siehst vor lauter Weiß die Straße nicht. Bei schlechtem Wetter fahren wir oft im Konvoi, falls einer von uns 'ne Panne hat. Und ich hab immer genug zu essen und zu trinken, meinen Erste-Hilfe-Kasten und ein paar Wolldecken dabei. Ohne diese Vorsichtsmaßnahmen bist du hier draußen verloren." Die mächtigen Tanks sind mit widerstandsfähigem Diesel No. 1 gefüllt und werden mit heißem Wasser beheizt, das Arctic Oil bleibt selbst bei eisigen Temperaturen geschmeidig, und vorsichtshalber läuft der Motor den ganzen Winter durch, selbst nachts und auf Parkplätzen, damit er nicht einfriert. Hier im nördlichen Alaska sind –30°C keine Seltenheit.

Vor uns liegt endlose Einsamkeit, ein wildes Land mit majestätischen Wäldern, und weiter nördlich warten die unzugängliche Brooks Range mit ihren schneebedeckten Gipfeln und die arktische Tundra. Tagsüber spannt sich ein endloser Himmel bis zum fernen Horizont, nachts flackern die bunten Schleier des Nordlichts über den Himmel. Ein Schauspiel, das selbst den erfahrenen Trucker noch beeindrucken kann. „Manchmal sind die Lichter so eindrucksvoll, dass ich aussteige und minutenlang zum Himmel blicke." Im Winter scheint kaum die Sonne, dann weisen der Mond und das Nordlicht und die Scheinwerfer den Weg. „In so einer Nacht hatte ich meinen

▲ Auf der langen Fahrt über den einsamen Highway hört George am liebsten Countrymusic. Er hat immer einen Stapel mit den neusten CDs dabei. Bei jedem Stopp untersucht er den Truck auf etwaige Mängel. Im hohen Norden kann schon der kleinste Fehler zu einer Katastrophe führen.

▲ In Coldfoot wartet der nördlichste Truckstop der Welt: ein paar Bretterhütten, ein Container-Motel, ein riesiger, mit Schotter bedeckter Parkplatz und zwei Dieselsäulen. Hier halten alle Trucker auf dem Dalton Highway an. Ohne einen Plausch mit Chefin Linda fährt keiner weiter.

schwersten Unfall", berichtet George, „es war ausgerechnet am Valentinstag. Mir kam ein Tanklaster mit Chemikalien entgegen, und die verdammte Kiste geriet ins Schleudern. Der Trailer hielt genau auf mich zu, und ich hatte Glück, dass er mir nicht ins Fahrerhaus knallte."

In Coldfoot, im nördlichsten Truckstop der Welt, hängen die Fotos solcher Unfälle am Schwarzen Brett. Viel macht der Truckstop nicht her. Ein riesiger, mit Schotter bedeckter Parkplatz, ein Container-Hotel, eine Holzbaracke mit Restaurant und Shop. Zwei Dieselsäulen und drei – kostenlose! – Duschen in einem hölzernen Anbau. Linda Stanford, die 58-jährige Truckstopchefin, begrüßt George mit Handschlag: „Hi, George! Wie immer, Chicken Fingers mit Pommes frites?" Seit zehn Jahren leitet sie den Truckstop. „Wir haben rund um die Uhr geöffnet, nur die Küche ist von 0 bis 5 Uhr geschlossen." Aber hungrig ist noch keiner weggefahren. Die Portionen sind riesig. Linda Stanford: „Hier draußen brauchen die Jungs ordentlich was zwischen die Rippen."

Seit einigen Jahren ist der Dalton Highway auch für Urlauber geöffnet. Vor allem Japaner mögen den rauen Highway und den hohen Norden. Einige wagen sich sogar mit dem Mountainbike auf den brüchigen Asphalt. Linda Stanford: „Ich verstehe die Leute, auch mir gefällt es hier oben, aber mir wär's doch lieber gewesen, sie hätten den Highway für Personenwagen gesperrt. Wenn das so weitergeht, muss ich noch anbauen." Die Highlights an der Wildnisstraße: 56 Meilen nördlich von Fairbanks überquert man den mächtigen Yukon River auf einer eine halbe Meile langen Brücke. Der nördliche Polarkreis kreuzt den Highway bei Meile 115, für viele Urlauber das Highlight der Reise. Bei Meile 175 kehrt man im nördlichsten Truckstop der Welt in die Zivilsation zurück. Nach 244 Meilen geht es über den Atigun Pass und durch eine spektakuläre Bergwildnis. Bei Meile 275 leuchtet der Gailbrath in der arktischen Sonne. Bei Meile 415 in Deadhorse endet der Dalton Highway. Wer die Ölfelder im Polarmeer sehen will, ist auf die Touristikunternehmen in Deadhorse und deren Shuttlebusse angewiesen. Oder er heuert als Fahrer bei einer Trucking Company in Anchorage oder Fairbanks an. So wie George.

„Die Ölfelder? Da gibt es wenig zu sehen. Bohrtürme und Baracken, das kannst du dir schenken. Das eigentliche Highlight ist die Fahrt selbst. Sogar für mich, und ich hab die Strecke ein paar Mal unter den Rädern gehabt. Hier oben zu fahren ist ein echtes Abenteuer."

George bleibt nur eine halbe Stunde im nördlichsten Truckstop der Welt. Ein Schwatz mit Kollegen, noch einen Kaffee, dann geht es weiter. Am frühen Morgen muss er in Deadhorse sein, auf den Ölfeldern im Eismeer. „Bis morgen", verabschiedet er sich von Linda und verschwindet in die kalte Nacht. Am Himmel flackert das Nordlicht.

In der kleinen Küche des Truckstops herrscht Hochbetrieb. Die Fahrer haben mächtigen Hunger und wollen anständig essen, bevor sie weiterfahren.

Ohne seine geliebten Chicken Fingers kommt George nicht aus. Die Mahlzeit in Coldfoot gehört zu den Highlights auf dem langen Trip zu den Ölfeldern.

Nach dem Essen bleibt Zeit für einen kleinen Plausch mit Freunden und Kollegen. Wer über den Dalton Highway fährt, hat eine Menge zu erzählen.

FREIGHTLINER

1230
ALASKA WEST

On the road
Strecken und Reiserouten

Im „Highway Hilton" durch Amerika

„Hank" oder „The Irish Kraut", wie ihn die Amerikaner wegen seiner deutsch-irischen Vorfahren nennen, gehört zu den populärsten Showtruckern der USA. Schon zweimal war er mit seinem Truck auf Tour in Deutschland.

Über zwei Millionen Kilometer hat „Hank's Highway Hilton" schon auf dem Buckel. So heißt der bullige Kenworth von Henry R. Good, der seit 1979 für die Carretta Trucking Company in New Jersey unterwegs ist. Ein bunt bemalter Kenworth K100C Aerodyne 108 VIT Cab mit allen Schikanen, Baujahr 1981, ist Arbeitsplatz, Büro, Wohnraum und Schlafzimmer für den begeisterten Trucker. Hank kann sich nichts Schöneres vorstellen, als von Küste zu Küste zu fahren – von Paramus, New Jersey, nach Fontana, Kalifornien, und durch alle 48 Bundesstaaten des Festlandes.

Hank schwärmt für Kenworth: „Als ich mir 1976 meinen ersten Truck zulegte, hatte ich gerade genug Geld, um entweder die Anzahlung für einen neuen GMC zu leisten oder einen gebrauchten Kenworth, Baujahr 1974, zu kaufen. Ich entschied mich für den Kenworth. Bisher habe ich nur Kenworth besessen. Meine nächsten waren: ein neuer 1977er und ein neuer 1979er. Alle drei mit aufliegender Einzelschlafkabine. Als ich im Juni 1981 nach einer neuen Zugmaschine suchte, entdeckte ich meinen jetzigen Truck bei einem Händler in Hartford, Connecticut. Es war Liebe auf den ersten Blick. Am 23. Juli 1981 wurde mein Traum Wirklichkeit, und ich begann sofort damit, ihn nach meinen Wünschen einzurichten und umzubauen. Er

◄◄ „Highway Hilton" nennt der Deutschamerikaner Henry R. Good, genannt „Hank", seinen geliebten Kenworth – weil er sich dort heimischer als in jedem Hotel fühlt.

◄◄ Seite 92/93: Auf dem einsamen Dalton Highway sind die Trucker besonders gefordert. Im Sommer warten Staub und Schlamm, im strengen Winter erstreckt sich die Schneewüste bis zum fernen Horizont. Auf der ganzen Strecke gibt es nur einen Truckstop und viel Wildnis.

◄ Henry R. Good ist Trucker aus Leidenschaft. Sein Berufswunsch stand bereits fest, als er die imposanten Baustellentrucks in seiner Wahlheimat De Bruce im Staat New York sah. Schon als kleiner Junge verbrachte er viel Zeit auf einem nahen Truckstop und freundete sich mit den Fahrern an.

GOODYEAR - 1
KENWORTH - 1
NO DRUGS
HANK-GOOD
Hank's
Highway Hilton
KENWORTH
OWNED BY:
Henry R Good
INTERSTATE TRUCKING CORP.
Monticello, N.Y.
508
HANK
H
G
GOOD
LEASED TO
CARRETTA TRUCKING
ICC 129455 ICC 144122
KYU 042057
VIN 291789
DKV
KENWORTH
FIRE DEPT
MHJ 832

hatte einen Detroit Diesel 8V92TA435 mit Bentix-Fächerkupplung. Im Februar 1985, nach 893550 km, war eine gründliche Überholung erforderlich. Dabei wurde die Leistung auf 475 PS erhöht. Im August 1988, nach genau 1587123 Kilometern, hatte er sich dann einen neuen Motor verdient: einen Detroit Diesel 475 Silver 92 (8V92T1) mit 475 PS. Der Motor ist mit einer Spicer-Kupplung an ein Getriebe mit 13 Gängen gekoppelt und verbraucht etwa einen Liter Diesel auf 2,34 km. 567 Liter Diesel fassen die Tanks. Die Zugmaschine hat einen Radstand von 4,65 m und eine Gesamtlänge von 6,92 m. Die Kabine ist in vier Blauschattierungen gespritzt. 147 Lampen und Leuchten sorgen auch nachts für gute Sicht und gutes Aussehen. Dafür sorgt ein Wechselstromgenerator mit 160 Ampere."

Henry R. Good alias „Hank" ist Deutschamerikaner: „Ich wurde am 25. Juni 1952 in Bad Godesberg geboren, zog aber schon drei Jahre später nach New York City. Wegen meines deutschen Akzents wurde ich von allen Kindern ‚Kraut' genannt. Der Name hängt mir heute noch an, mein CB-Handle ist ‚The Irish Kraut' – wegen meiner deutschen Mutter und meines irisch-amerikanischen Vaters. Später zogen wir nach De Bruce im Staate New York. Dort faszinierten mich die großen Baustellentrucks, und ich wusste bald, was ich mal werden wollte.

In Livingston Manor, unserem nächsten Wohnort, hing ich oft auf dem Truckstop rum und freundete mich mit den Truckern an. Sie ließen mich in ihre Laster klettern und erklärten mir vieles. Ich schwor mir damals, genauso

▲ Im Februar 1998 wurde Hanks Kenworth nach längerer Standzeit am Haken eines Abschleppwagens zur Restaurierung in eine Werkstatt gebracht. Nach knapp 2,5 Millionen Kilometern waren noch viele Teile und der Lack original.

◀◀ Sage und schreibe 147 Lampen und Leuchten zieren das „Highway Hilton" und verwandeln den blauen Kenworth-Truck nachts in einen „rollenden Christbaum".

▲ Hank ist ständig darum bemüht, das schlechte Image der Trucker in der Öffentlichkeit aufzupolieren. Auch deshalb präsentiert er seinen aufgemotzten Truck auf Festivals und in Schulen: „Ich berichte über das Leben eines Truckers und werbe für meinen Beruf."

freundlich zu Kindern zu sein, wenn ich einmal einen Truck fahren sollte. Aber bis dahin war es noch ein Stück. Als Zwölfjähriger half ich auf einer Farm aus und fuhr begeistert den großen Traktor. Dann zogen wir nach Monticelo, New York, wo ich heute noch lebe. Auch dort freundete ich mich mit Truckern an und war sogar mit ihnen unterwegs, auch wenn ich dann nach Hause zurücktrampen musste. Meiner Mutter gefiel das nicht. Sie fragte eine Kollegin, ob deren Ehemann, ein Trucker, mich auf eine Tour mitnehmen könne, in der Hoffnung, dass mir die Lust am Trucking endgültig vergehen würde. Aber die Tour machte alles noch schlimmer. Jetzt verbrachte ich jede freie Minute mit meinem Truckerfreund Red Hinkley. Und es war Red, der mir dann das Fahren beibrachte.

Schon während der Highschool, vor allem in den Sommerferien, fing ich an, für eine Spedition zu fahren. Nach der Schule ging ich auf das Williamport Area Community College für Dieselmechaniker. Zu meinem 21. Geburtstag meldete mich meine Mutter bei einer Truckfahrschule an, und ich bestand mit Auszeichnung. Seitdem habe ich fast nur auf dem Truck gesessen. Ich begann im Nahverkehr, fuhr Milch aus und transportierte Propangasflaschen – zuerst als angestellter und später als selbständiger Fahrer mit meinem ersten eigenen Truck. Im August 1978 heuerte ich bei der Spedition Carretta an, für die ich bis 1995 fuhr. Damals wurde Caretta von der Firma Decker übernommen, für die ich seitdem unterwegs bin. Seit Oktober 1981 habe ich eine eigene Firma, die Henry R. Good Interstate Trucking Corporation. Ich fahre von Küste zu Küste, besuche die großen Truckerfestivals und kann mir kein schöneres Leben vorstellen. Ich bin zufrieden."

Die Zugmaschine und der Hänger seines aufgemotzten Kenworth liegen auf einer Kenworth-8-Luftkissenfederung, für den Kontakt zur Straße sorgen Toyo-Reifen (285/75R24) auf Felgen aus poliertem Alcoa-Aluminium. Es gibt neben den 147 Lampen auch sechs Drucklufthupen. Die Fahrerkabine und der Sleeper bieten eine Menge Komfort, der einem die langen Strecken erträglich macht. Zur Aus-

stattung gehören zwei luftgefederte, eigens für diesen Truck angefertigte Sitze, ein Cobra-129-GTL-CB-Funkgerät, ein Whistler-Q1000-Radardetektor, ein Motorola-Celullar-Telefon, je ein Fernseher in beiden Kojen, ein Eisschrank, ein Kassettenradio, ein Schrank und je eine Heizung bzw. Klimaanlage in der Fahrerkabine und im Sleeper.

Henry R. Good ist Trucker aus Leidenschaft. Wenn er keine Fracht fährt, präsentiert er seinen Kenworth auf den großen Truckerfestivals. Über 100 Pokale hat er schon in seiner Sammlung. „Ich bin ständig darum bemüht, das schlechte Image der Trucker in der Öffentlichkeit aufzubessern", sagt er. Deshalb besucht er auch Schulen und lässt die Kinder in seinem Truck herumklettern. „Ich erzähle dort über das Leben eines Truckers und werbe für unseren Beruf." Besonders stolz ist Henry darauf, dass sein Truck schon mehrfach im Fernsehen, in Zeitschriften und auf zahlreichen Videos und Kalendern zu sehen war.
Ein besonderes Datum war der 28. Dezember 1990: Um 8.56 Uhr hatte er genau zwei Millionen Kilometer runter!

Zu den Höhepunkten seiner Truckerlaufbahn gehört ein Besuch in Deutschland: Im Frühjahr 1992 ließ er seinen Kenworth nach Amsterdam verschiffen und ging mit seinem Showtruck auf große Deutschlandtour. Auf Einladung des DKV-Truck-Service besuchte er eine Vielzahl von Autohöfen und Festivals. Natürlich ließ er es sich als Deutschamerikaner nicht nehmen, seinen Truck auch vor dem Brandenburger Tor in Berlin zu parken. Das Foto erschien auf der Titelseite der Berliner Morgenpost und in zahlreichen anderen Zeitungen und Zeitschriften, sogar auf einer Sammelkarte in den USA. Auf den Festivals war er mit seinem „Highway Hilton" stets von Schaulustigen umringt. Zwei Jahre später wurde er noch einmal nach Deutschland eingeladen, diesmal ohne seinen Truck, dafür durfte er den Showtruck des Media-Markts durch Deutschland kutschieren. Hank: „Die beiden Deutschlandtouren gehören zu meinen schönsten Erinnerungen. Ich habe sehr viel gesehen und eine Menge neuer Freunde gewonnen."

▲ Im Frühjahr 1992 ließ Hank seinen Kenworth nach Amsterdam verschiffen und fuhr von dort aus mit seinem Truck quer durch Europa. Als Deutschamerikaner bereitete es ihm eine besondere Freude, mit seinem Kenworth vor dem Brandenburger Tor zu posieren.

THERMO-TRANSIT
Norway
МУРМАНСК
NORD NORGE
NATASCHA
VOLVO

Im Eishaus

Der Winter im europäischen Norden ist nichts für zart besaitete Trucker. Sie müssen gegen Schnee, spiegelglatte Fahrbahnen und steile Berge kämpfen. Nur wenige Fahrer aus Deutschland sind hier, im Eishaus Europas, unterwegs.

Die Kälte ist nicht das Problem. Ganz im Gegenteil, wenn es richtig kalt wird nördlich des Polarkreises, können sich die Trucker freuen: Dann wird der Schnee griffig, und die speziell für diese Bedingungen entwickelten Winterreifen haben wieder genug Grip. Die Schwierigkeiten beginnen mit der Wärme. Ist der Boden noch hart gefroren und bringt eine Warmfront Regen – was vor allem in Norwegen häufiger vorkommt –, werden die Straßen zu eisigen Schlitterbahnen, auf denen niemand mehr Halt findet. Im letzten Winter hatte Thomas Wunderlich so ein Horrorerlebnis, mit dem „normale" Trucker höchstens in ihren Alpträumen konfrontiert werden: Er war unterwegs vom schwedischen Kiruna in Richtung Norwegen, über das berüchtigte Bjørnefjell. Eine Passstrecke und zugleich ein Schneeloch, das bei schlechten Bedingungen selbst hartgesottene skandinavische Fernfahrer fürchten. Der Unfall eines Kollegen zwang Wunderlich zum Anhalten. Er hatte ohnehin vorgehabt, Ketten auf Zugmaschine und Kühlauflieger zu ziehen. Als er gerade die schweren Spezialketten von den Haken holen wollte, glaubte der Deutsche, seinen Augen nicht zu trauen: Der Sattelzug setzte sich langsam, aber unaufhaltsam in Bewegung.

▲ Auf den vereisten Straßen am Polarkreis fühlt Thomas Wunderlich sich wie zu Hause. Selbst heftige Schneestürme können ihm die Freude am Fahren nicht nehmen.

◀ Auf einer Passstrecke zwischen Schweden und Norwegen machte sich der Volvo des Deutschen selbständig – aber der erfahrene Trucker hatte Glück im Unglück.

◀◀ Durch den Schnee wird die ohnehin schmale und spiegelglatte Fahrbahn noch enger. Kein Baum, kein Strauch, nur ein tief verschneites Hochplateau, dessen Konturen im Dunst verschwinden. Einziger Anhaltspunkt für die wenigen Fahrer in dieser Wildnis sind rot markierte Straßenbegrenzungen.

▲ Thomas Wunderlich liebt die Herausforderung. Für kein noch so großes Gehalt würde er mit einem Fahrer tauschen, der jede Woche nach Italien oder Spanien muss. Seine Welt sind die verschneiten und stillen Täler in Norwegen und Schweden. Und er weiß, dass er sich auf seinen Volvo immer verlassen kann.

Alter, fest gebackener Schnee am Fahrbahnrand verhinderte im letzten Moment das Schlimmste und stoppte das Gespann knapp vor dem Einknicken. An eine Weiterfahrt aus eigener Kraft war da nicht mehr zu denken. Aber ein Truck des bekannten Bergedienstes Falken – die Telefonnummern von Falken und Viking hat in Skandinavien jeder Fahrer griffbereit in seiner Hütte – war ja ohnehin ein paar Meter weiter im Einsatz und sorgte dafür, dass auch Wunderlich seine Ketten ohne weitere Aufregung aufziehen konnte.

Nach deutschen Truckern muss man im skandinavischen Winter lange Ausschau halten. Am ehesten findet man sie unter den verschwiegenen Truckern der Fahrzeugtransporter, die nördlich des Polarkreises auf Schnee und Eis ihre Bahnen ziehen. Auf ihren Trucks fahren sie gut versteckt Prototypen und Vorserienfahrzeuge – also die künftigen Schmuckstücke von VW, BMW, Audi und Co. – zu den streng geheimen Testzentren hoch im Norden. Warum sich ansonsten nur wenige Fahrer aus südlicheren Gefilden darum reißen, im Winter bis zum Nordrand Europas zu fahren, kann man sich auch ohne viel Fantasie vorstellen, wenn man zum Beispiel zwischen Tana Bru und Båtfjord unterwegs ist.

Durch den Schnee wird die ohnehin schmale, spiegelglatte Fahrbahn noch enger. Kein Baum, kein Strauch, nur ein tief verschneites Hochplateau, dessen Konturen im Dunst verschwinden. Einziger Anhaltspunkt für die wenigen Fernfahrer, die sich durch diese grauweiße Wüste kämpfen, sind die rot aufleuchtenden Straßenbegrenzungen. Ein versprengter Außenposten der Straßenbehörden ganz oben auf dem Pass hat durchaus seine Berechtigung: Die Schneepflüge kämpfen pausen-

los gegen die weiße Pracht. Dennoch kann der Wind im schlimmsten Fall für so starke Verwehungen sorgen, dass die Straße binnen kürzester Zeit unpassierbar wird. Dann werden für bestimmte Abfahrtszeiten in Bätfjord und Tana Bru Konvois zusammengestellt. Vorneweg fahrende Spitzpflüge räumen eine Spur frei, die Minuten später wieder im Schnee versinkt.

Was reizt Thomas Wunderlich an dieser Einöde, an der Einsamkeit des Nordens, den extremen fahrerischen Anforderungen? Früher ist er in den Nahen Osten gefahren, dann nach Russland und in die zentralasiatischen Republiken. Nachdem dieser Markt zusammenbrach, verschlug es ihn nach Skandinavien. Da zu fahren, meint Wunderlich, sei immer noch besser als in Spanien oder Italien. Wobei er selbst regelmäßig dorthin kommt: Häufig transportiert er im Auftrag einer dänischen Spedition Ladungen von Nordnorwegen bis nach Südeuropa. Dabei geht es ihm wie vielen Menschen, die sich immer wieder in Extremsituationen begeben: Steckt man erst einmal bis zum Hals in Schwierigkeiten, stellt man sich irgendwann unweigerlich die Frage: „Warum tue ich mir das nur an?"

Doch später, wenn der starke 460-PS-Motor den Volvo durch tief verschneite Bilderbuchlandschaften zieht, ist Wunderlich mit sich und seinem Job wieder im Reinen. Das sind die Stunden, die ihn entschädigen für das häufige Aufziehen der Ketten, für stinkende Fischkisten, die er im Auflieger stapeln muss, oder das unbehagliche Gefühl, das sich manchmal einstellt. Zum Beispiel auf dieser tückischen Bergabstrecke auf den Lofoten. Da erwischt es jeden Winter ein Dutzend Trucks. Wunderlich freut sich, dass er bis jetzt noch immer Glück hatte.

▲ „Warum tue ich mir das an?", fragt Thomas Wunderlich sich nur in Extremsituationen – oder wenn er das Eis von seinem Auflieger schlagen oder die Kette aufziehen muss. In manchen Gegenden geht ohne Ketten gar nichts. Aber die Fahrten durch die traumhaften Landschaften entschädigen für die Mühe.

THERMO-TRANSIT
VESTERÅLEN · ÅLESUND · OSLO

THERMO-TRANSIT
Norway Italia
VOLVO

THERMO-TRANSIT
Norway Italia
VOLVO

◄◄ Auf der Fähre kann Thomas Wunderlich verschnaufen. Dort trifft er Freunde und Kollegen, meist Skandinavier, die aus dem Süden kommen und froh sind, wieder in die Heimat zurückzukehren. Auch der Deutsche fühlt sich im hohen Norden zu Hause. Er erfreut sich an den kargen, doch wunderschönen Landschaften und dem eigenwilligen, spröden Humor der Einheimischen.

► Immer wenn Thomas Wunderlich den Polarkreis erreicht, legt er eine kurze Pause ein und stößt mit einem heißen Kaffee auf den hohen Norden an. Selbst im Winter, wenn ihn die scheinbar endlose Polarnacht umgibt, fürchtet er sich nicht: „Die endlose Weite und Stille geben mir ein Gefühl der Zufriedenheit."

Highways bis zum Horizont

Amerika ist eine mobile Gesellschaft. Seit der Herstellung des legendären ersten Ford Model T ist das Automobil das beliebteste Verkehrsmittel. Das Straßennetz ist entsprechend einfach und übersichtlich gestaltet.

„Meistens lasse ich nicht den Macho raushängen", so Interstate-Fan „ZZYZY" auf seiner Homepage im Internet, „nur bei Road Trips mache ich eine Ausnahme. Ich weiß nicht, was über mich kommt, wenn ich einen langen Trip plane, aber irgendwie erscheint es mir falsch, einen Halt oder eine längere Pause einzuplanen. Ich brause gern über den Interstate und lasse die Vereinigten Staaten an mir vorbeifliegen. Ich mag es, von einem County ins nächste zu fahren. Ich sehe gern Hinweisschilder auf eine Stadt, die in einer anderen Zeitzone liegt. Ich gehe gern in eine Tankstelle in Virginia und frage nach dem kürzesten Weg nach Las Cruces, New Mexico. Ich mag es, um zehn Uhr morgens die Scheinwerfer anzuhaben, weil ich die ganze Nacht gefahren bin. Wenn ich auf einem Truckstop halte, denke ich immer dasselbe: Du bist kein Profi wie diese Trucker, aber du bist ein verdammt guter Amateur!"

Immer nur fahren, unterwegs sein, den nächsten Hügel erklimmen, um zu sehen, was sich dahinter verbirgt, das liegt den Amerikanern im Blut. Seitdem die ersten Siedler amerikanischen Boden betreten haben, streben sie nach Westen, sind sie unterwegs auf der Suche nach dem Regenbogen, an dessen Ende laut Legende ein Topf voller Gold warten soll. Sie zogen über den Erie Canal und die Cumberland Gap und siedelten im Ohio Valley, sie trieben ihre Ochsenkarren über den Santa Fe Trail und den Oregon Trail zu den grünen Tälern an der Westküste. Sie bauten eine Eisenbahn quer durch den Kontinent. Die meisten ihrer Häuser gleichen heute noch provisorischen Unterkünften, weil kaum ein Amerikaner daran denkt, den Rest seines Lebens an ein und demselben Ort zu verbringen. Immer zum Aufbruch bereit, innerhalb weniger Minuten reisefertig sein, so wie während der Pionierzeit, als die Städte am Ende der Schienen aus baufälligen Holzhütten und Zelten bestanden.

Mit der Erfindung des Automobils erfüllte sich (nicht nur) für die Amerikaner ein lang gehegter Traum. Aus einem Volk, das ständig Richtung Goldener Westen strebte, wurden mobile Amerikaner, die kreuz und quer durchs Land fuhren, oft nur um des Fahrens willen. Sie genossen die Freiheit, sich jeden Augenblick zu verändern und ihre Neugier nach einer neuen Landschaft und einer neuen Stadt zu befriedigen. Der Weg wurde wichtiger als das Ziel, selbst auf der Route 66, die zum Inbegriff für die Träume freiheitsliebender Amerikaner wurde.

Schuld an dieser neuen Völkerwanderung war Henry Ford. Er hatte das Automobil nicht erfunden, aber er fand einen Weg, es preiswert herzustellen und als Massenprodukt zu verkaufen. Am 17. Juni 1903 gründeten er und elf Partner die Ford Motor Company – mit 28000 Dollar und dem unerschütterlichen Glauben an eine erfolgreiche Zukunft. Doch vom Model A, von dem innerhalb der ersten 15 Monate immerhin 1700 Stück verkauft wurden, bis zum legendären Model T, das 1908 auf den Markt kam und bis 1927 mehr als 15 Millionen Käufer fand, war es ein weiter Weg.

Erst 1911, nach einer jahrelangen gerichtlichen Auseinandersetzung mit George Seldon, der glaubte, ein Patent auf die Herstellung der „Straßen-Lokomotiven" zu haben, konnte Henry Ford richtig loslegen. Bereits 1913 kam die Hälfte aller Automobile – weltweit! – von Ford.

▲ Wie zu Zeiten der Indianer: Die Bisonherden werden größer, grasen jetzt auf den Weiden riesiger Ranches und werden wie Rinder über die Straße getrieben.

◀◀ Im 19. Jahrhundert durchzogen endlose Überlandwege wie der Oregon Trail das Land. Sie wurden zur Hauptroute der endlosen Trecks. Heute reichen Highways bis zum Horizont und wecken dieselben Sehnsüchte: Immer nur fahren, den nächsten Hügel erklimmen, um zu sehen, was dahinter liegt …

▲ Die kreuzungsfreien Interstates, den europäischen Autobahnen vergleichbar, gibt es erst seit den 1950er-Jahren. Damals zeigte sich Präsident Eisenhower von den Autobahnen im besetzten Deutschland beeindruckt.

Die Zeit zwischen den Weltkriegen – und mit ihr die Geburtsstunde der Route 66 – brachten einen ungeahnten Aufschwung und eine ungeheure Expansion. Am Fließband konnten die Motorwagen schnell und verhältnismäßig preiswert hergestellt werden. Das erste neue Automobil, das über die Route 66 fuhr, war das verbesserte Model A, das 1927 herauskam. Fünf Jahre später wurde mit dem ersten V8 eine neue Ära eingeläutet. In den 50er-Jahren wurden die Thunderbirds von Ford, die Mercurys, Buicks, Chevys und Edsels zu einem vertrauten Anblick auf der legendären Straße und zu Statussymbolen einer Zeit, die in Filmen wie „... denn sie wissen nicht, was sie tun" weiterlebt. Die Wagen wurden aufgemotzt, und die Jugendlichen lieferten sich waghalsige Rennen.

Amerika galt im 20. Jahrhundert geradezu als Musterbeispiel einer mobilen Gesellschaft – ohne Auto ging nichts, aber mit fast alles, und die Regierung kam mit dem Straßenbau kaum nach. Denn die Trails und Feldwege, die den Kontinent noch um 1900 durchzogen, waren für die neuen Motorwagen kaum geeignet. Highways gibt es offiziell seit 1926, die kreuzungsfreien Interstates wurden in den 50er-Jahren gebaut, als Präsident Dwight D. Eisenhower sich nach einem Besuch im besetzten Deutschland beeindruckt von den dortigen Autobahnen zeigte. Die staatlichen Highways verschwanden, und selbst die Route 66 wurde am 27. Juni 1985 zu einer unbedeutenden Landstraße. Die Highways wurden Straßen zweiter Klasse und fielen nun in die Zuständigkeit der ein-

zelnen Bundesstaaten. Zwischen Chicago und Los Angeles gab es keinen durchgehend bezifferten Highway mehr, sondern nur noch ein Netz von mehrspurigen Interstates. Das Ende des individuellen Reisens, wie nicht nur die Fans der Route 66 meinen. „Entlang der Interstates findet das Leben nicht statt", schrieb William Least Heat-Moon in seinem Buch „Blue Highway", und er urteilt: „Das ist gegen das Gesetz!" Auch deshalb sehnt man sich nach der guten alten Route 66 zurück.

Wer im Automobil durch die USA fährt – ob auf den kreuzungsfreien Interstates oder den zweispurigen Highways – muss sich ein wenig umstellen: In den USA wird das Auto als Fortbewegungsmittel und nicht als heilige Kuh betrachtet. Amerikaner fahren ausgesprochen defensiv und veranstalten nicht gleich ein Hupkonzert, wenn Sie mal auf einer Kreuzung stehen bleiben oder sich zu spät einreihen möchten. Fast alle Autos sind mit einem Automatikgetriebe ausgestattet und lassen sich problemlos fahren.

Hinzu kommen Tempolimits, die bei uns erst diskutiert werden: Auf den meisten Interstates dürfen maximal 65 mph (104 km/h) oder 75 mph (120 km/h), in Ortschaften meist 35 mph (56 km/h) oder gar nur 25 mph (40 km/h) gefahren werden. Die Polizei achtet streng auf die Einhaltung dieser Regeln.

Das Straßensystem in den USA ist sehr übersichtlich. Alle Highways sind nummeriert. Die Straßen mit gerader Zahl führen von Westen nach Osten, die mit ungerader Zahl von Norden nach Süden. Interstates erkennt man an dem I (für Interstate) vor der ein- oder zweistelligen

▲ In Memphis, der größten Stadt in Tennessee, kreuzen sich die viel befahrenen Interstates 40 und 55, zwei Hauptverkehrsrouten in den USA. Ein Netz aus Brücken und Straßen erhebt sich am Ufer des mächtigen Mississippi River.

▶▶ Über den Interstate 40 nach Memphis und über die Mississippi River Bridge weiter nach Westen, dem fernen Los Angeles entgegen. Für viele Fahrer ist der so genannte „Highway 40" zur zweiten Heimat geworden. Und aus dem Radio tönt der Song „Highway 40 Blues".

Nummer auf blauem Grund. Dreistellige Interstates kennzeichnen einen Autobahnring oder eine Umgehungsstraße. Der Verkehr in den Städten ist sehr dicht, vor allem in den Ballungszentren, aber es gibt überall genügend Parkplätze, vor allem vor Einkaufszentren und Restaurants.

Die Verkehrsregeln unterscheiden sich nur wenig von den Vorschriften in Deutschland, Österreich und der Schweiz. Das Anlegen der Sicherheitsgurte ist in den meisten Staaten gesetzlich vorgeschrieben. Anders als bei uns: Ampeln hängen meist über der Kreuzung und nicht davor. An einer Kreuzung mit vier Stoppschildern und dem Zusatz „Four-Way" müssen alle Fahrzeuge halten, und derjenige, der zuerst gehalten hat, darf auch zuerst fahren. In manchen Staaten darf auch bei Rot nach kurzem Halt rechts abgebogen und rechts überholt werden. Unbedingt halten muss man vor oder hinter einem gelben Schulbus, der mit eingeschaltetem Blinker wartet.

Ein Polizeiwagen, der ein Fahrzeug stoppen möchte, überholt nicht, sondern fährt mit blinkendem Rot-Blau-Licht hinterher, bis der Fahrer hält. Es empfiehlt sich, in einem solchen Fall ruhig sitzen zu bleiben und die Hände auf das Lenkrad zu legen. Jede hastige Bewegung könnte missverstanden werden. Bei einer Panne sollte man sich rechts halten und die Kühlerhaube aufklappen – das ist das Zeichen für jeden anderen Verkehrsteilnehmer und die Polizei, dass Sie Hilfe brauchen.

„Happy Motoring!" stand während der goldenen Jahre der Route 66 auf vielen Werbeschildern. In den USA macht Autofahren immer noch Spaß. Nicht in Chicago oder Los Angeles, aber auf dem Land. Das Benzin ist billig, die Straßen sind breit, und wer auf einem historischen Highway wie der Route 66 durch Amerika fährt, sitzt in einem rollenden Kino, denn vor der Windschutzscheibe findet vor oft grandioser Kulisse das wahre Leben statt.

▼ In Amerika macht das Autofahren immer noch Spaß: Die Kraftstoffpreise sind vergleichsweise niedrig, und der Verkehr ist bei weitem nicht so dicht wie in Europa.

Get Your Kicks
Here on
ROUTE
66
BUTTERFIELD
STAGE CO.
STEAKHOUSE
The Old West Mercantile
BLUE SPRUCE LOUNGE
WELCOME
Best

Get Your Kicks on Route 66

Die legendäre Straße von Chicago nach Los Angeles wurde zum Kult, und nicht nur Nostalgiefans träumen davon, einmal im 57er Chevy, auf einer Harley oder in einem US-Truck über den historischen Highway zu fahren.

Über die Route 66 nach Westen – die Straße hat nichts von ihrem Zauber eingebüßt. In einem bulligen Kenworth oder Peterbilt, auf einer Harley wie Dennis Hopper und Peter Fonda in „Easy Rider" oder im Wohnmobil wie die unzähligen Familien, die sich auf der Straße auf den Weg in die Vergangenheit machen. Route 66: Das ist die endlose Straße von einem Horizont zum anderen, wie es sie nur in Amerika gibt, das sind unscheinbare Kleinstädte mit einer Main Street und den überdachten Gehsteigen wie einst im Wilden Westen, das sind Motels, Tankstellen und Reklametafeln mit Werbeplakaten vom letzten Jahr. Das sind meilenlange Zäune und baufällige Farmhäuser und rostige Autowracks am Straßenrand. Impressionen, Träume und ein Welterfolg: Als der Sänger und Musiker Bobby Troup kurz nach dem Zweiten Weltkrieg in seinem 41er Buick nach Westen fuhr, wurde das legendäre „Get Your Kicks on Route 66" geboren.

Am 11. November 1926 wird die Route 66 dem Verkehr übergeben, eine staubige Schotterstraße, die durch acht Bundesstaaten führt und nach 2448 Meilen am Pazifischen Ozean endet. Erst im Laufe der Jahre wird aus dem holprigen Feldweg eine Straße, zuerst zweispurig und in den 60er-Jahren sogar vierspurig. 1984 kommt das Aus. Der letzte Abschnitt des Interstate 40 wird dem Verkehr übergeben, und damit gibt es eine kreuzungsfreie

◀◀ Holbrook, Arizona, gehört zu den markanten Punkten an der legendären Straße. An den einstigen Boom erinnern nur noch Reklametafeln.

▼ Die 2448 Meilen lange Route 66 führte durch acht Bundesstaaten von Chicago bis nach Los Angeles. Im Jahr 1984 kam das Aus.

▲ Schon in den 1920er- und 1930er-Jahren fuhren Urlauber auf der befestigten Route 66 nach Westen. Im Zeitalter des Automobils wurde Amerika zu einer überaus mobilen Gesellschaft.

▶▶ Amerika wie aus dem Bilderbuch: die Main Street in einem verträumten Nest, die Neonreklame an einem Saloon, das Wrack eines alten Ford in Seligman und ein einsamer Cowboy in Arizona – während einer Fahrt über die historische Route 66 kann man das wahre Amerika kennen lernen.

Verbindung nach Kalifornien. Schneller, breiter und sicherer, aber ohne Mythen und ohne das Flair der alten Straße. Die Route 66 verschwindet von den Landkarten, erst in den 90er-Jahren wird sie unter Denkmalschutz gestellt.

Braune Hinweisschilder „Historic Route 66" markieren den Weg nach Westen, schon in Chicago, der Stadt mit den höchsten Wolkenkratzern der USA. Der Sears Tower ragt wie eine dunkle Nadel aus dem Häusermeer. Auf dem Bürgersteig steht ein überdimensionales Kunstwerk von Picasso. Cicero, ein unscheinbarer Vorort, war die Hochburg von Al Capone. Die Route 66 führt aus der Stadt, windet sich an Kürbisfeldern und einsamen Farmen vorbei. In Wilmington weist der grüne „Gemini Giant" den Weg, so heißt der überlebensgroße Astronaut vor dem Launching Pad Drive-In. Im Ariston Cafe, einem Highlight der Route 66 in Litchfield, berichtet Demi Adam von den verrückten Trabi-Fahrern aus Germany, die nach der Wende vor dem Lokal parkten.

In St. Louis ragt der Gateway Arch wie ein stählerner Regenbogen empor. Ein kühnes Bauwerk, über 200 Meter hoch, das höchste Denkmal der USA. Der Mississippi strömt gen Süden. Nur ein paar Kilometer weiter südlich: Ted Drewes' Frozen Custard. Der Eisdielen-Besitzer: „Mein Vater war schon in den 30er-Jahren hier." Nancy mixt einen Concrete, der Milchshake ist so dick, dass man ihn auf den Kopf stellen kann.

Die Ozark Mountains kündigen sich mit grünen Wäldern an. Vorbei an den Meramec Caverns, sagenhaften Tropfsteinhöhlen, die schon in den 40er-Jahren als „größte Show unter der Erde" vermarktet wurden. Hillbilly Country. Abgelegene Dörfer, auf einer Veranda sitzt ein alter Mann und spielt Banjo.

In Oklahoma beginnt der Wilde Westen. „Welcome to Native America" steht auf den Begrüßungsschildern des Staates, hier leben viele der letzten Indianer. Der größte Totempfahl der Welt, ein 30 Meter hohes Denkmal,

Miller
Genuine Draft

FORD

▲ Immer der Sonne nach, über die Route 66 in das Land, in dem angeblich Milch und Honig fließen. Wie zu Zeiten der Goldgräber war Kalifornien das Traumziel.

◄ An die Cowboy-Vergangenheit von Oklahoma City erinnern die Stockyards, das Viertel des einstigen Viehverladebahnhofs. Saftige Steaks werden dort noch immer verkauft.

steht in Foyil. Westlich von Tulsa dann nur noch Provinz mit verfallenen Restaurants und Tankstellen, die Straße verliert sich allmählich zwischen Ölfeldern. Der Bohrturm vor dem Kapitol in Oklahoma City ist immer noch aktiv und beschwört die 20er-Jahre, als man ein riesiges Ölfeld unter der Stadt entdeckte und Oklahoma City zur Boomtown wurde. An die Cowboy-Vergangenheit erinnern Stockyards City, der ehemalige Viehverladebahnhof, und die National Cowboy Hall of Fame, das weltberühmte Museum für Cowboykultur. Im Route 66 Museum in Clinton erlebt man die Geschichte der Route 66 auf einem Rundgang durch sechs Jahrzehnte.

„In Texas ist alles größer", behaupt Bobby Lee. Ihm gehört die Big Texan Steak Ranch, das bekannteste und beste Steakhouse des Panhandle. Wer es schafft, ein riesiges 72-Unzen-Steak (ungefähr zwei Kilo!) mit Beilagen und Nachtisch innerhalb einer Stunde zu essen, bekommt es umsonst! Westlich von Amarillo stecken zehn Cadillacs mit der Schnauze nach unten in einem abgelegenen Feld: die berühmte Cadillac Ranch.

Tucumcari beschwört die Vergangenheit der Route 66 mit leuchtenden Neonschildern. Das schönste, eine blaue Schwalbe, flackert über dem Blue Swallow Motel.

In Albuquerque wird die Route 66 zur Central Avenue. Zahlreiche Häuser wurden renoviert, selbst das Neonschild des legendären „El Vado Motel" leuchtet wieder wie einst. Wir fahren stilecht vor, im roten 58er Cadillac von Phil Maloof. Stolze 71 Jahre hat der verrückte Sammler auf dem Buckel. In seinen „heiligen" Hallen stehen 238 historische Straßenkreuzer, davon allein 140 Cadillacs. Sein absolutes Prunkstück ist der goldene 59er Caddy von Marylin Monroe.

Weiter durch den Petrified Forest National Park nach Westen, versteinerte Baumriesen säumen die Straße. In Holbrook locken die steinernen Zelte des Wigwam Motels Gäste an. Zwei riesige Indianerpfeile markieren einen

▲ Die steinernen Zelte des Wigwam Motels in Holbrook, Arizona, gab es schon zur Blütezeit der Route 66. Westlich von Amarillo stecken zehn Cadillacs mit der Schnauze im Sand: die berühmte Cadillac Ranch.

▲ Der Museum Club in Flagstaff, Arizona, liegt direkt an der Route 66 und gehört zu den beliebtesten Lokalen am Ort.

▶▶ In Flagstaff, Arizona, strahlt die Route 66 noch im alten Glanz. Die Straße führt mitten durch die Stadt, und die meisten Geschäftsleute profitieren vom legendären Ruf der Mother Road.

beliebten Truckstop, bevor es in die Berge nach Flagstaff geht. Auch in der Westernstadt lebt die Route 66. Martin Zanzucchi, der Besitzer des legendären Museum Club, ist ein begeisterter Fan der Straße. Sein Club, eine stimmungsvolle Western-Bar, befindet sich in einem riesigen Blockhaus direkt an der Route 66.

Hinter Kingman warten die gefährlichsten Meilen der Route 66, in steilen Haarnadelkurven windet sich die enge Straße die Black Mountains hinauf. Die T-Models mussten sogar rückwärts über die steile Straße fahren, weil sie es sonst nicht geschafft hätten. Gelbe Schilder warnen vor wilden Eseln, die sich sogar auf der Main Street von Oatman tummeln. In der ehemaligen Goldgräberstadt liefern sich Stuntmen wilde Schießereien mit Platzpatronen.

„Foothills Boulevard" nennen die Kalifornier den letzten Abschnitt der Route 66 zwischen San Bernardino und Los Angeles. Es geht durch scheinbar endlose Wüsten, dann noch ein Abstecher nach Barstow. Inmitten sandiger Hügel erinnert eine Geisterstadt an bessere Zeiten. In der Ferne hängen die ersten Smogwolken über dem Land. Über sanfte Hügel geht es nach L. A., das die Route 66 gierig verschluckt. Durch Pasadena, das am Neujahrstag die Rose Bowl Parade feiert, über den Santa Monica Boulevard. Am Strand in Santa Monica versinkt die Route 66 mit der blutroten Sonne im Pazifik.

Coca-Cola
Coca-Cola
CHEAP
GAS

CIRCLE Q
FRONTIER
MOTEL
WELCOME
DIAL PHONE
FREE COFFEE
HBO
LARGE ROOMS
VACANCY
WESTERN WEAR
WESTERN HILLS
MOTEL
SELF SERVE
Chevron
food mart
MOTEL
TO
40
18

53
U.S. XPRESS
CHATTANOOGA, TN
OKLAHOMA CITY, OK
USX6403
FREIGHTLINER

Mel und Dave – Go west!

Nicht alle Fahrer schwärmen von ihrem Job. Mel und Dave, zwei selbständige Kutscher, sind auf neue Gesetze und Amateure am Steuer nicht gut zu sprechen.

Phoenix präsentierte sich wieder mal von seiner liebenswürdigsten Seite. In der Camelback Road hatten wir zusehen müssen, dass wir die drei jungen Schwarzen, die mit einem Messer vor unserer Nase herumgefuchtelt hatten, schleunigst hinter uns ließen, und jetzt saßen wir in diesem verdammten Truckstop und würgten so etwas Ähnliches wie ein Abendessen runter. Von wegen, in Truckstops gibt es das beste Essen. Der Kaffee schmeckte wie Spülwasser, und der Hamburger hatte auch schon bessere Zeiten gesehen. Wir ließen beides stehen und spülten den faden Geschmack mit einer Diet Coke runter. Die schmeckt überall gleich, obwohl mir selbst die Eiswürfel in diesem Laden nicht ganz geheuer waren.

Wir waren seit dem frühen Morgen auf den Beinen, und ich war nicht erpicht auf eine Unterhaltung, sah mir den Typen gegenüber aber dann doch etwas genauer an. Er war wie ein Cowboy gekleidet, trug Stiefel, Jeans, ein buntes Hemd und den unvermeidlichen Stetson, war aber Trucker, das sah man an den schwarzen Händen, und sonst hätte er wohl auch nicht in dieser schäbigen Bude gesessen. „Wie geht's immer so?", fragte er.

Ich erkannte den Slang und grinste. „Tennessee?"

„Arkansas", verbesserte er, „ich komme aus Little Rock. Aber du warst dicht dran. Was führt euch hierher?"

Wir erzählten es ihm, und er zeigte uns seine strahlendweißen Zähne. „Ist ja toll", meinte er. „Habt ihr Lust, mit uns nach Kalifornien zu fahren? Wir haben 'ne Menge zu erzählen."

Was für eine Frage! Natürlich wollten wir, obwohl wir den Typen ja erst fünf Minuten kannten und seinen Partner noch nicht einmal gesehen hatten. Aber Mel Mott, so stellte er sich vor, machte einen ehrlichen und vertrauenswürdigen Eindruck, und sein Cousin war auch nicht weit vom Stamm gefallen, wie er meinte.

Der hieß Dave Innes, hatte einen Schnauzbart und war genauso gekleidet wie Mel. „Hallo", grüßte er, nachdem Mel uns vorgestellt hatte. „Ihr wollt wirklich mitkommen?"

„Klar", erwiderte ich.

„Okay, dann lasst uns gehen."

Wir zahlten und gingen nach draußen. Es war schon nach zehn, Neonlicht erhellte den Hof. Vom Freeway tönte das unablässige Summen zahlloser Reifen herüber, ab und zu durchschnitt das tiefe Brummen eines schweren Trucks den Grundton der Nacht. Die Lichter der Innenstadt leuchteten in der Ferne.

Mel und Dave hatten ihre Trucks unter einer Parkplatzlaterne abgestellt, um mögliche Diebe abzuschrecken.

„Freightliner, hm?"

Mel nickte. „Zwei Freightliner Conventionals, so nennen wir die Trucks mit den langen Schnauzen. Ich hab einen 400er Cummins-Motor drin, der macht so seine 385 PS. Mehr bauche ich nicht. Die Tanks fassen insgesamt 280 Gallonen."

„Das sind rund tausend Liter", sagte ich beeindruckt.

Wir hievten uns auf den Bock. Mein Kumpel stieg zu Dave ins Fahrerhaus, ich machte es mir neben Mel bequem. Mit dröhnenden Motoren verließen wir den Truckstop und reihten uns in den Verkehr auf dem Interstate ein.

Mel und ich fuhren voraus. Dave und mein Kumpel blieben in unserem Windschatten.

„Tolles Gefühl!", versuchte ich den Motorlärm zu übertönen. „Wie lange bist du denn immer so unterwegs?"

◄◄ Mit der Sonne nach Westen – Mel und Dave fahren durch die einsamen Wüstengebiete des amerikanischen Südwestens in Richtung Kalifornien. Besonders gut sind sie auf die strengen Gesetze und die Highway Patrol nicht zu sprechen, selbst an einigen Kollegen lassen sie kein gutes Haar.

„Kommt drauf an“, meinte er, „meistens bin ich drei von vier Wochen auf'm Highway. Man gewöhnt sich daran.“

„Und wie lange schon?“

„18, 19 Jahre.“

„Familie?“

„Ne Frau und zwei Kinder.“

„Ist das nicht ziemlich hart, dauernd ohne die Familie unterwegs zu sein? Oder bist du geschieden?“

„Nee, wie kommst du denn darauf? Klar, manchmal fällt es schon ziemlich schwer. Ich sehe meine Familie kaum. Aber einer muss ja die Kohle ranschaffen, und ich hab nichts anderes gelernt.“

Ich schob eine seiner Countrykassetten in den Recorder. Buck Owens. Irgendwas von einem uralten Album, das bei mir zu Hause unter der Kategorie „Uralte Oldies“ abgelegt war.

„Ich stehe auf die alten Sachen“, erklärte Mel. „Hank Williams, Buck Owens, Merle Haggard – ohne die Musik wär's manchmal nicht auszuhalten. Magst du Countrymusic?“

Ich erzählte ihm, dass ich mehrere Bücher über Countrymusic geschrieben hatte. Natürlich war mir klar, was das bedeutete: Wir würden die nächsten zwei Stunden über Country sprechen. Vor uns lagen rund 400 Meilen, wir hatten also viel Zeit. Als wir die Grenze von Kalifornien überquerten, wechselte ich das Thema. „Was hast du eigentlich für 'ne Ladung drauf?“

„Warmwasserbehälter“, antwortete er, „für 'ne Firma in Los Angeles. Müssen spätestens morgen da sein.“

▶ Nicht alle Cowboystiefel sind aus Leder, und für diese Schuhgröße dürfte sich auch kein passender Cowboy oder Trucker finden. Der gespornte Stiefel dient als Blickfang für eine bekannte Cocktailbar.

„Fährst du immer dieselbe Strecke?“

„Meistens“, sagte Mel. „Ich fahre nach Tennessee rein, von dort nach L. A., wie jetzt, dann zurück nach Osten, nach Ohio und wieder nach Tennessee. Unsere Trucks hat eine Firma von uns geleast, die besorgt uns die Aufträge.“

„Und wie werdet ihr bezahlt?“

„Wir bekommen Prozente von der Fracht.“

Ich deutete auf den Tachometer, dessen Nadel sich bei 70 Meilen eingependelt hatte. „Aber dann braucht ihr doch nicht so schnell zu fahren. Die Kohle bleibt doch immer gleich, egal, wann ihr euer Ziel erreicht.“

„Das stimmt schon“, erwiderte er, „aber wenn wir früher da sind, können wir eher einen neuen Auftrag übernehmen. Dafür drücke ich aber nur ganz selten auf die Tube, das ist ja auch nicht erlaubt.“ Er lachte laut und glaubte selbst nicht, was er da erzählte.

„Müsst ihr kein Fahrtenbuch führen?“

„Klar, aber Papier ist geduldig. Ich kann verdammt kreativ sein, wenn es um das Fahrtenbuch geht. Ist ja auch völlig egal, was in dem Ding steht. Hauptsache, unter dem Strich sieht alles wieder korrekt aus. Bei Vertragsfahrern ist das was anderes. Die haben meist Computer in ihren Trucks, die jede noch so kleine Bewegung aufzeichnen, aber bei uns ist das nicht wichtig. Wenn jemand wissen will, wie lange ich unterwegs bin, kann er mich ja fragen.“

Ich schaute nach draußen. Unsere Scheinwerfer pflügten einen hellen Pfad in die Wüste, die ansonsten in vollkommener Dunkelheit lag. Dave und mein Kumpel waren etwas zurückgefallen, ihre Scheinwerfer waren als helle Punkte im Rückspiegel zu erkennen. „Verdammt einsam hier“, sagte ich, „hier möchte ich keine Panne haben.“ Ich nahm einen Schluck von der Coke, die Mel mir reichte. „Fährst du gern durch die Wüste?“

Er zuckte mit den Schultern. „Nachts ist es mir ziemlich egal, wo ich mich gerade befinde, aber tagsüber fahre ich schon lieber durch kühle Gegenden.“

„Und was sagt die Polizei dazu?", kam ich auf unser erstes Thema zurück. „Die lässt euch doch nicht einfach mit 70, 80 Meilen über den Highway rasen?"

„Die erwischen uns nicht", sagte Mel, „außerdem fahr ich nicht dauernd so schnell wie jetzt. Nachts kann man sich das schon mal erlauben. Eher mogele ich etwas mit dem Gewicht."

„Und die Wiegestationen der Highway Patrol?", wunderte ich mich. „Die gibt's doch überall hier."

Er grinste wieder. „Da mach ich einen großen Bogen drum herum", sagte er, „der Highway Patrol gehe ich so weit wie möglich aus dem Weg."

„Sind die denn irgendwo ganz besonders streng?"

„Nicht unbedingt", meinte er. „Das wechselt. Mal machte der eine auf streng, dann der andere. Aber so alles in allem würde ich sagen, dass die Kalifornier am meisten Stress machen."

„Dann sind wir ja richtig."

Wir waren immer noch in der Wüste und näherten uns Palm Springs, der Stadt der Reichen. Bob Hope hatte hier ein Haus, und zahlreiche Hollywoodstars kamen zum Golfspielen rüber oder entspannten sich in einem der exklusiven Clubs.

„Wenn du 'ne Runde schlafen willst, leg dich in den Sleeper", meinte Mel, aber ich schüttelte den Kopf.

„Ich bin ziemlich munter", erwiderte ich. Nicht verraten wollte ich, dass ich bei dem verdammten Geschaukel und dem Motorlärm sowieso kein Auge zugetan hätte. Um ganz ehrlich zu sein, es war ziemlich ungemütlich auf dem Bock.

Die Kassette mit Countrysongs war zu Ende, und ich legte eine neue ein. „Kommt ihr eigentlich noch auf eure Kosten?", fragte ich. „Als Selbständiger kommt man gegen die großen Speditionen doch kaum an, oder?"

„Komm mir bloß nicht damit", wurde Mel munter, „das Thema bringt mich ganz schön auf die Palme. Ich will dir was sagen: Ich verdiene weniger als vor 20 Jahren. Kannst du mir mal sagen, wie wir da auf unsere Kosten kommen sollen?"

„Irgendwie müsst ihr es doch schaffen."

▲ Im Radio von Mel und Dave läuft Countrymusic – genau die richtige Musik für die einsamen Fahrten durch den amerikanischen Südwesten. Meterhohe Saguaro-Kakteen ragen zu beiden Seiten des Interstates in den abendlichen Himmel. Abends bleibt Zeit für den Besuch einer Country-Kneipe.

▲ Parallel zur historischen Route 66 führt der Interstate quer durch New Mexico und Arizona nach Kalifornien. Auf Retro getrimmte Drive-ins erinnern an die goldenen Fifties und Sixties, als die Trucker noch genug Geld verdienten und der Spritverbrauch kaum eine Rolle spielte.

„Na klar. Wir müssen sparen, wo es geht, und so schnell wie möglich fahren, um in möglichst kurzer Zeit viel Kohle zu machen. Ist ein verdammter Teufelskreis."

„Von wem ist denn Hilfe zu erwarten? Wer kann was dagegen tun? Die Gewerkschaft?"

„Gewerkschaft? Wir brauchen keine Gewerkschaft. Wir sind unabhängige, selbständige Fahrer, vergiss das nicht. Nee, die einzigen, die was für uns tun können, sind die U.S. of A. Die verdammten Vereinigten Staaten, die Regierung in Washington. Die Deregulierung funktioniert nicht, die macht alle kleinen Unternehmer kaputt und stärkt die riesigen Firmen, die Konzerne."

Mel machte eine neue Dose Cola auf, nahm einen tiefen Schluck und reichte sie an mich weiter. „Ein anderes verdammtes Thema sind die Versicherungen, die wir für jeden Mist zahlen müssen", schimpfte er weiter. Er deutete über die Schulter. „Dave da hinten fährt 'ne 81er Zugmaschine mit 'nem 78er Hänger hinten dran. Weißt du, was der im Jahr an Versicherungen zahlt? Über 9000 Dollar. 9000 Dollar, verdammt, das muss man sich mal vorstellen. Und bei mir ist es nicht viel anders. Dabei fahre ich über 20 Jahre lang unfallfrei."

„Gehen die Prozente denn nicht runter?"

„Wenn hier in Amerika mal was raufgegangen ist, geht es nicht mehr runter", sagte Mel, „nee, die Versicherung wird immer teurer. Und weißt du auch, warum? Weil große Firmen wie J. B. Hunt und Circle B und ACB und wie sie alle heißen nur noch junge Fahrer einstellen. Die haben kaum Erfahrung, diese jungen Kerle, und bauen einen Unfall nach dem anderen. Du brauchst dir doch nur den Frachthof einer dieser Firmen anzuschauen. Da stehen massenweise Wracks rum."

Auf die jungen Fahrer ist Mel nicht gut zu sprechen. Und er ist nicht der Einzige, der sich uns gegenüber darüber beklagt. „Da kommt so'n junger Typ aus der Army, macht in 14 Tagen seinen Führerschein und wird auf die Straße gelassen. Markiert den großen Trucker, na, du weißt schon, swingender Gang und so, aber ich wette, der Typ wäre in einem Schneesturm rettungslos verloren. Der würde glatt die Böschung runterfahren."

▲ Einsame Geisterstädte und moderne Wolkenkratzer – der amerikanische Westen schwankt zwischen amerikanischer Main-Street-Nostalgie und hypermodernen Zukunftsvisionen. Den meisten Fahrern ist beides egal – sie wollen so schnell wie möglich von A nach B kommen.

Mel trank den letzten Rest Coke aus der Büchse und warf sie hinter seinen Sitz. „Die wissen doch noch gar nicht, worauf es ankommt. Diese jungen Kerle, die sind in die Schule gegangen und haben 'ne Menge Theorie gelernt, aber es fehlt ihnen an Erfahrung. Die müssten erst mal ein Jahr lang mit einem mitfahren. Mann, ich hab fünf Jahre gebraucht, bis ich einigermaßen firm war. Hier draußen passiert doch täglich was Neues."

Er schaltete den Scheibenwischer an und spülte den Fliegendreck von der Windschutzscheibe. „Aber Bier in sich reinschütten, das können sie. Letzte Nacht auf'm Truckstop kam ein junger Typ zu mir und lieh sich 'n paar Dosen Bier. Er war schon besoffen, als er mich anquatschte. Drei Stunden später sah ich ihn zum Schnapsladen fahren und Nachschub holen. Der Kerl konnte kaum noch stehen, Mann, und setzte sich auf den Bock. Der war nicht mal Mitte 20. Und das ist kein Einzelfall. Natürlich sind nicht alle jungen Fahrer so, aber die meisten saufen viel zu viel und nehmen zu viel von diesem verdammten Dope. Marihuana und Koks und so'n Zeugs."

Wir fuhren weiter durch die Nacht. In der Ferne tauchten bereits die ersten Lichter von Los Angeles auf. Im Rückspiegel war der erste Hauch der Morgenröte zu erkennen. Dave und mein Kumpel fuhren inzwischen wieder dicht hinter uns, ab und zu stieß Dave ins Horn.

„Hat mit Romantik verdammt wenig zu tun", sagt Mel nach einer Weile, „aber so ist es nun mal. Vergiss ‚Smokey and the Bandit'. Versteh mich nicht falsch. Der Film war toll, nur mit der Wirklichkeit hat er eben gar nichts zu tun. Mit dem ganzen Business geht es bergab. Als ich aufwuchs, waren Trucker noch angesehene Leute. Aber heute ist unser Ruf hin."

Eine halbe Stunde später fuhren wir auf einen der beiden riesigen Truckstops am Interstate in Ontario. Wir parkten die Trucks unter Laternen und gingen mit steifen Schritten ins Restaurant. „Hoffentlich ist der Kaffee hier besser", sagte ich.

Mel und Dave lachten im Chor. „Du sprichst schon wie ein verdammter Trucker", sagte Mel und öffnete die Tür: „Willkommen in unserem Club!"

CAT SCALE
CERTIFIED
SCALES
DO NOT ENTER
MACK
TA

R. STEFFAN
neon

Auf dem Highway ist die Hölle los

Alarm im Sonnenparadies Florida: Im Süden des Urlauberstaates häufen sich die Unfälle mit schweren Trucks. Schuld sind die unzulängliche Ausbildung vieler Trucker und die schlechte Fahrweise zahlreicher Pkw-Fahrer.

„Neulich stießen zwei Sattelzüge und ein Taxi auf dem Interstate 95 zusammen", berichtet Lieutenant John Bagnardi von der Florida Highway Patrol, „das war einer der schlimmsten Unfälle, die ich je erlebt habe. Es gab fünf Tote. Und vor einigen Wochen raste ein Motorradfahrer mit 200 Stundenkilometern in eine Zugmaschine."

Über 16000 Unfälle mit großen Trucks werden jährlich allein im Bezirk von Fort Lauderdale gezählt. Schuld sind vor allem schlecht ausgebildete Fahrer, aber auch sorglose Kubaner, die noch den Fahrstil ihrer alten Heimat im Blut haben. Und natürlich Touristen, die sich nicht auskennen. „Hier bei uns in Florida gibt es die meisten Unfälle", sagt Bagnardi.

Die Behörden versuchen seit einiger Zeit verzweifelt, diese enorm hohe Unfallzahl zu senken. *Safety Education* heißt die neue Leidenschaft von Lieutenant John Bagnardi. Er fuhr jahrelang einen Holztruck im Bundesstaat New York, bevor er zur Highway Patrol nach Florida ging, und er weiß am besten, wo der Schuh drückt: „Die meisten Fahrer sind mangelhaft ausgebildet. Wir versuchen, die Lücken zu schließen." Seit einigen Monaten arbeitet er zusammen mit der Florida Trucking Association und großen Firmen wie der Supermarktkette Publix, die besondere Auszeichnungen für unfallfreies Fahren an ihre Trucker verleihen.

„Unsere Führerscheinprüfung ist viel zu lasch", beklagt er sich. „Und wir haben einfach zu wenig Leute, um den Verkehr wirkungsvoll zu überwachen. Auch das Truck Enforcement des Department of Transportation ist hoffnungslos unterbesetzt."

Doch solange die Behörden nicht mehr Leute einstellen, wird es wohl weiter in erschreckend hohem Maße auf den Highways krachen. Lieutenant John Bagnardi gesteht: „Manche Bilder wirst du niemals los, besonders wenn Kinder in einen Unfall verwickelt sind. Ich habe entsetzliche Szenen gesehen, und manchmal verfolgen mich weinende Kinder bis in meine Träume." Und dann macht er sich wieder an die Arbeit.

◄◄ Lieutenant John Bagnardi und sein Kollege vom Truck Enforcement des Department of Transportation überwachen den Verkehr im Broward County. Mit fest installierten und mobilen Waagen wird das Gewicht der schweren Trucks kontrolliert.

▲ Highway Patrol und Department of Transportation überwachen den Verkehr im Urlaubsland Florida und beklagen die schweren Unfälle im Sonnenstaat.

ULMBACHER
RESTAURANT

Berg – Der Kult-Autohof

Mit unermüdlicher Arbeit und persönlicher Hingabe machten die Kniebaums ihren Autohof in Berg zur Kult-Adresse. Vor mehr als 40 Jahren ging Dieter Kniebaum an den Start, jetzt leitet seine Tochter Sabine den erfolgreichen Betrieb.

Frag 100 Kutscher nach dem besten Autohof in Deutschland, und du hörst 90-mal „Berg". Der Truckstop an der früheren Transitautobahn ist Kult, und das liegt vor allem an seinen Betreibern. Die Kniebaums haben Diesel im Blut – Dieter, leider viel zu früh verstorben, und auch seine Tochter Sabine, die den Betrieb seit dem Tode ihres Vaters leitet. „Wir sind Verrückte", sagte Dieter vor 20 Jahren, und dasselbe sagt Sabine noch heute. Sie lebt auf ihrem Autohof und ist nur glücklich, wenn sie ihre Kutscher um sich hat. Ihr Credo: „Wenn du Erfolg haben willst, musst du voll hinter einer Sache stehen."

Als ihr Vater seine erste Tankstelle in Kassel eröffnete, war Sabine noch gar nicht auf der Welt. Bereits 1962 waren Dieter Kniebaum und seine Frau Irmgard für die Brummifahrer im Einsatz. An den Zapfsäulen ihrer kleinen Tankstelle trafen sie die ersten Lkw-Fahrer. Dieter unterhielt sich gern mit den Fahrern, verstand ihre Probleme und nahm sich vor, eines Tages eine Tanke nur für Trucker aufzumachen.

Die Gelegenheit ergab sich sechs Jahre später. Der DKV eröffnete einen Autohof an der Zonengrenze bei Hof und bot Dieter Kniebaum die Stelle des Pächters an. Dieter schlug sofort zu. Natürlich wusste er, das an der Transitautobahn nur wenig zu holen war, aber er blickte sehr hoffnungsvoll in die Zukunft: „Eines Tages habe ich 40 Angestellte!" Bis sein Wunsch in Erfüllung ging, zogen einige Jahre ins Land, doch er schaffte es. Mit unermüdlichem Einsatz und persönlicher Hingabe machte er den Autohof zu einer der bekanntesten Autobahnadressen in Deutschland.

„Damals kamen hauptsächlich Viehkutscher und Transitfahrer", erinnert sich Sabine Kniebaum. Sie ging zu dieser Zeit noch in den Kindergarten und verbrachte die Nachmittage auf dem Autohof – sie saß bei Fernfahrern auf dem Schoß, die heute noch unterwegs sind. 1968 übernahm ihr Vater die Raststätte, „obwohl er von der Gastronomie keine Ahnung hatte", wie Sabine lachend zugibt. Doch der findige Autohofchef holte die besten Köche ins Haus und sorgte dafür, dass die Teller seiner Kutscher bis zum Rand gefüllt waren. Jeden Abend saß er mit ihnen zusammen, hatte immer ein offenes Ohr, wenn ein Fahrer mit Problemen kam. „Dieter Kniebaum war der richtige Mann am richtigen Ort", erkannten auch die Leute vom DKV und ließen ihm freie Hand.

In den 80er-Jahren wurde Berg zum Kult. Auf keinem anderen Autohof war die Stimmung so gemütlich und familiär. Natürlich hätten die Geschäfte besser laufen können, aber der Autohof lag an der deutsch-deutschen Grenze, am „Arsch von Deutschland", wie Dieter zu sagen pflegte, und mehr war einfach nicht drin. Dann kam die Wende, und der Autohof Berg lag plötzlich mitten in Deutschland. Die A9 nach Berlin wurde zu einer der meistbefahrenen Autobahnen, und der beliebte Truckstop platzte aus allen Nähten.

Das tat der Gemütlichkeit jedoch keinen Abbruch. Man rückte näher zusammen, und Sabine Kniebaum gelang das Kunststück, das Erbe ihres Vaters auch in diesen schwierigen Zeiten fortzuführen und die herausragende Stellung ihres Autohofs zu festigen. Mit Engagement und viel Gefühl arbeitete sich die Powerfrau in die Herzen der Fahrer. „Ein Stück Heimat unterwegs" steht sogar auf der

▲ Sabine Kniebaum leitet den Kult-Autohof in Berg. Bei der Industrie ebenso wie bei vielen Kollegen und Fahrern gilt sie als vorbildliche Autohofchefin.

◄◄ Der Autohof Berg, bei den Fahrern seit vielen Jahren Kult, wurde in zahlreichen TV-Magazinen und Zeitschriften als bester Truckstop in Deutschland vorgestellt. An der Grenze zwischen Bayern und Thüringen hat Sabine Kniebaum „Ein Stück Heimat unterwegs" für die Trucker geschaffen. Keiner versteht die Fahrer so wie sie. Kein Wunder – sie ist auf dem Truckstop aufgewachsen.

GAT
HO-DV 930

Autohof
Berg b. Hof
ein bärenstarkes Team

Speisekarte. Dies ist für Sabine Kniebaum nicht bloß ein Werbeslogan, sondern ein echtes Anliegen. Aber es wurde immer enger, und bald führte kein Weg mehr daran vorbei: Ein neuer Autohof musste her.

Kein leichtes Unterfangen für Sabine Kniebaum: „Ich hatte große Angst, die Atmosphäre und die Stimmung könnten durch den Umzugs verloren gehen." Die Fahrer wollten „ihre" Wohnzimmeratmosphäre nicht missen. Also ging die Mineralölfirma darauf ein und verzichtete auch beim Neubau auf modernen Schnickschnack, durch den zahlreiche Autohöfe wie Diskotheken wirken. Elf Millionen Mark wurden in das Projekt investiert. Sabine Kniebaum übernahm die Kosten für Restaurant und Küche. Nach nur fünf Monaten Bauzeit wurde am 23. September 2000 offiziell eröffnet – und das Ergebnis kann sich sehen lassen. Sabine Kniebaum: „Ich glaube, wir haben eine gute Mischung gefunden. Unser neues Restaurant ist genauso gemütlich, aber moderner und zeitgemäßer."

Um den Fahrern ein möglichst vertrautes Umfeld zu bieten, wurden sogar ein Teil der alten Dekoration und die Fotos mitgenommen. Das Personal ist dasselbe, auf der Speisekarte wurde kaum etwas geändert, und natürlich ist auch der große Stammtisch geblieben, das Herzstück des kultigen Autohofs. „Bewährtes soll man nicht ändern", meint die Autohofchefin.

Fertigprodukte sind auch in der neuen Küche tabu. Neu hinzugekommen ist ein Pizzaofen, denn auch Trucker leben nicht von Schnitzel allein. An einem Computer können die Fahrer kostenlos im Internet surfen und E-Mails verschicken. Im vorbildlichen Sanitärbereich kann Wäsche gewaschen und getrocknet werden. Die Anfahrt ist übersichtlicher, die Parkplätze sind breiter, der Shop misst stattliche 188 Quadratmeter, es gibt einen Fernsehraum mit Großbildschirm und eine Spielecke für Kinder, und neu ist auch die lange Theke im Restaurant, ein Herzenswunsch von Sabine Kniebaum.

Seit dem Tod ihres Vaters 1997 führt Sabine Kniebaum den Autohof allein. Warum sie den gleichen Erfolg wie Dieter hat? Weil sie auf dem Autohof aufgewachsen ist und jeden Kutscher mit Namen kennt. Weil der Service und das Essen stimmen und die Bedienungen zu den beliebtesten im Lande gehören. „Und weil mein Vater im Himmel sitzt und genau aufpasst, dass ich hier unten keine Fehler mache", sagt Sabine stolz.

▲ Bereits 1962, auf ihrer Tankstelle in Kassel, waren Dieter Kniebaum und seine Frau Irmgard für die Fahrer im Einsatz. Dieter unterhielt sich gern mit den Fahrern, verstand ihre Probleme und nahm sich vor, eines Tages eine Tanke nur für Trucker aufzumachen. Das gelang ihm auf vorbildliche Weise.

◀◀ Oben links: Als Chef des Autohofs Berg kennt man jeden Stammkunden mit Namen. Oben rechts: Dieter Kniebaum, Sabines Vater, hatte ein herzliches Verhältnis zu den Fahrern und war auch mit zahlreichen Countrymusikern wie Gudrun Lange befreundet. Unten: Sabine Kniebaum ist immer für ihre Fahrer da. Bis spät in die Nacht unterhält sie sich mit ihnen.

Waldorf
PLAZA
WINN
DIXIE
DELICATESSEN
The BEEF PEOPLE
SUNOC

Dixie Truckers Home

Dixie Truckers Home, einer der ältesten Truckstops der USA, liegt an der historischen Route 66 im US-Bundesstaat Illinois. Seit 1928 sind das Restaurant und die Tankstelle eine beliebte Adresse für Trucker – und Touristen, die heute auf dem legendären Highway dem wahren Amerika nachspüren.

„Get your kicks on Route 66": Larry Bailey hörte den legendären Song auf seiner Farm in Illinois. Er saß beim Abendessen, nach einem anstrengenden Tag auf den Maisfeldern, als der Sprecher einen gewissen Nat King Cole ankündigte. „If you ever plan to motor west, travel my way, take the highway that's the best", tönte es aus dem altersschwachen Radio: „Wenn du nach Westen fahren willst, mach es so wie ich, nimm den besten Highway, get your kicks on Route 66!" Natürlich wollte Larry mit seiner Familie nach Westen, so wie alle Männer, die das mühevolle Leben auf ihrer Farm satt hatten. Irgendwo im Westen ein neues Leben beginnen, die Sonne in Arizona und New Mexico genießen und in Kalifornien am Strand liegen und auf den weiten Pazifik schauen.

Schon damals kehrte der Farmer im Dixie Trucker Home ein, „zum ersten Mittagessen auf der Route 66", wie er sich schmunzelnd erinnert. Es gab gebratenes Huhn, auch heute noch sein Lieblingsessen. Der erste Truckstop von Illinois bestand aus einer Tankstelle und einer Imbisshalle, die in einer ehemaligen Werkstatt untergebracht war. J. P. Walters und John Gesko, sein Schwiegersohn, hatten die Garage bereits 1928 gekauft. Dixie Truckers Home, wegen seiner Gastfreundschaft nach Dixieland, dem amerikanischen Süden, benannt, lag außerhalb von McLean, einem ziemlich verschlafenen Nest an der asphaltierten Route 66.

◄◄ Flackernde Neonlichter an einsamen Straßen. Das ländliche Amerika lockt mit grenzenlosen Weiten und endlosen Highways. Selbst deutsche Trucker träumen davon, einmal hinter dem Lenkrad eines Kenworth oder Freightliner zu sitzen und dem fernen Horizont entgegenzufahren.

◄ Seit 1928 gibt es das legendäre Dixie Truckers Home an der historischen Route 66 – damals wie heute ein Wallfahrtsort für Trucker. Nur die Preise haben sich verändert. In den 1930ern kostete eine Gallone Benzin noch dreißig Cent, und einen Hamburger bekam man für ganze zehn Cent.

▲ Auch während der großen Wirtschaftskrise, die in den frühen 1930er-Jahren das Land erschütterte, brummte das Geschäft im Dixie Truckers Home. An den Zapfsäulen stauten sich die Wagen der Enttäuschten und Mittellosen, die in einer Flucht nach Kalifornien den letzten Ausweg sahen.

Die Route 66 war ein Traum, nicht nur für den jungen Larry Bailey, und die Bilder aus ihrer bewegten Geschichte erzählen vom wahren Amerika: ein blubberndes Model T auf der staubigen Main Street, der freundliche Tankwart an der *Filling Station*, die junge Kellnerin vor dem Drive-In, der Besitzer des einsamen *Motor Courts*, der mit einem Schild „Übernachtung nur 8 Dollar" vor dem Eingang steht. Der Trucker mit den ölverschmierten Händen, der Polizist hinter dem nächsten Hügel. Die Farmerfamilie aus der Dust Bowl in Oklahoma, die in Kalifornien auf ein besseres Leben hofft. Der Soldat, der aus dem Zweiten Weltkrieg heimkehrt und nach Hause trampt. Die quengelnden Kinder im Wohnwagen, die wissen wollen, wie weit es noch bis nach Disneyland ist. Die Straße war zur „Main Street of America" geworden, und der Highway zur Route, als Bobby Troup in seinem Buick nach Westen fuhr und das unvergessliche „Get Your Kicks on Route 66" schrieb.

Larry Bailey schaffte es nicht bis nach Kalifornien. „Ich ließ mir die Sonne in Arizona auf den Bauch scheinen und kehrte wieder um", gesteht er, „ich hatte Heimweh nach Illinois, nach dem unvergleichlichen Geruch der Erde, wenn es geregnet hat." Aber die Sehnsucht nach der Route 66 ließ ihn nicht los. Er kannte „Früchte des Zorns", den Bestseller von John Steinbeck, der den Exodus einer verarmten Familie aus Oklahoma beschreibt. Während der Depression verband sich für viele Farmer mit der so genannten *Glory Road* die letzte Hoffnung, als Straße, die in eine bessere und gerechtere Welt führt. Das Buch kannte er nicht, aber den Film hatte er gesehen. Im Kino an der Ecke, nach dem Krieg, und im Fernsehen. Im Classic Movies Channel wird er häufig wiederholt.

Dixie Truckers Home überstand die schweren Zeiten. J. P. und John arbeiteten an der Tankstelle mit, der Truckstop hatte rund um die Uhr geöffnet. In den frühen 60er-Jahren stieß Larry Bailey zur Mannschaft. „Wir hatten unsere Farm verkauft, und ich begann als Tankwart. Ich wollte unbedingt an der Route 66 arbeiten, weil man dort interessante Menschen traf und mit ihnen ins Gespräch kam. Dixies war für alle Leute da, nicht nur für Trucker."

Das Feuer, das 1965 einen großen Teil des Gebäudes zerstörte, erlebte Larry aus nächster Nähe mit. „Wir hatten damals nur für ein paar Stunden geschlossen, dann machten wir uns daran, den Truckstop wieder aufzubauen. Bis auf diese Kurzunterbrechung hatte Dixie Truckers Home immer geöffnet." Inzwischen ist Larry Bailey 57 Jahre alt. Er arbeitet immer noch in dem Truckstop, inzwischen als Hausmeister und Mädchen für alles, und er isst immer noch gebratenes Huhn. Das gehört zu den Spezialitäten im Restaurant. Das „Chicken Dinner" kostet knapp sechs Dollar, einen Hamburger gibt es für zwei Dollar. Die Einheimischen mögen Eier mit gebratenem Maisbrei. Der Kaffee wird für 50 Cents ausgeschenkt. Von solchen Preisen können deutsche Autofahrer nur träumen, und die Portionen sind wirklich riesig.

„Wir setzen auch weiterhin auf ganz traditionelle Hausmannskost", verspricht Kathy Beelar, die Besitzerin, „das Rezept für gebratenes Huhn ist seit 70 Jahren nicht verändert worden." Und solange „Dixie Broasted Chicken" serviert wird, bleibt auch Larry Bailey. „Hier ist ordentlich was los. Immer mehr Leute fahren über die Route 66, die wollen das Amerika meiner Jugendzeit erleben. Bei Dixies hat sich kaum was verändert, wahrscheinlich fühle ich mich deshalb so wohl hier."

▲ Im Dixie Truckers Home setzt man auf Nostalgie. Ein Teil des Restaurants ist im Stil der 1950er-Jahre eingerichtet, und vor dem Truckstop parken die Oldtimer zahlreicher Autoliebhaber. Von den Speisen, die damals angeboten wurden, hat das Chicken Dinner bis heute überlebt.

TA
Welcome
TAMPA TRAVEL CENTER
Popeyes
WE DO GOOD BA-YOU!
11706
Need Gas?

Pause unter Palmen

Es ist in ganz gewöhnlicher Morgen auf dem TA-Truckstop in Tampa, Florida. Im Driver's Room sitzen die Fahrer und warten auf neue Fracht. Bobby Seale und Cathy Wallace, die Manager des Autohofs, kümmern sich um sie.

Draußen scheint die Sonne, der Wind rauscht in den Palmen, und bis zum Strand sind es nur ein paar Minuten. Im neuen TA-Truckstop, ungefähr zehn Meilen östlich von Tampa, Florida, interessiert das jedoch niemanden.

Die meisten Fahrer sitzen im fensterlosen *Driver's Room* und starren auf den Monitor. Dennis Bodenhamer aus North Carolina wartet seit zwei Stunden auf Fracht. „Manchmal hocke ich drei, vier Stunden vor der verdammten Glotze, bis ein passendes Angebot kommt", flucht der *Owner Operator*. Er fährt auf eigene Rechnung und muss es mit den großen Speditionen aufnehmen, die fast jeden Preis unterbieten. Sobald die Fuhre stimmt, wählt er die kostenfreie 800er-Nummer und macht sich auf den Weg. Doch heute dauert es besonders lange. Er raucht eine Zigarette nach der anderen und nippt alle paar Minuten an seinem Kaffeebecher. Neben ihm wartet John Sell, ebenfalls aus North Carolina, ein kräftiger Bursche mit Hemingway-Bart und der unvermeidlichen Baseballkappe. „Ich wart hier auf 'ne Tour nach Miami oder Naples. Gerade komm ich aus Kalifornien mit 'nem Auflieger voller Seafood – Krabben, Muscheln und so'n Zeug. Klar, in Florida fahr ich am liebsten. Hier zahlen sie auch am besten!"

Larry Rodman, ein junger Fahrer aus New Mexico, hockt gegenüber und regt sich über den Verkehr im Sunshine State auf. „Zu viele Kubaner", schimpft er, „die haben doch keine Ahnung vom Fahren. Die rasen wild drauflos, als wär'n sie in Havanna oder irgendeinem Dschungelkaff!" Dave Brubacker aus Georgia wirkt dagegen gelassen. Ein typischer Südstaatler, den nichts aus der Ruhe bringen kann. Seit 40 Jahren ist er unterwegs. „Was soll's?", meint er. „Über so was haben wir uns schon vor 20 Jahren aufgeregt. Einmal wollte ich sogar aufhören. Ich hab dann bei 'ner Werkstatt als Mechaniker angeheuert." Er lacht. „Na ja, zwei Wochen später war ich wieder auf Tour!"

Immer dieselben Gespräche im *Driver's Room*. Dichter Zigarettenqualm, der Duft von frischem Kaffee und das Gemurmel der Fahrer. Im neuen Truckstop gibt es kein Restaurant, jedenfalls keins mit Bedienung, und die meisten Fahrer zieht es in den abgegrenzten Raum. „Okay", meint Dennis, „sie haben zwei Fast-Food-Restaurants, ein Popeyes und ein Arby's, aber die mag ich nicht besonders, da sitzt du neben den Kids, und 'ne hübsche Bedienung gibt's auch nicht! Nichts gegen diesen Truckstop, solche muss es auch geben. Ich esse sowieso nur einmal warm am Tag, meistens abends, und bin nur zum Tanken hier und um einen neuen Auftrag zu ergattern."

Sechs Tanksäulen mit Diesel stehen den Truckern zur Verfügung, vier Extra-Säulen sind den Wohnmobil- und Gespannfahrern vorbehalten. Die 100 Stellplätze wären auch in Europa nur guter Durchschnitt. Um in einen der sieben Duschräume zu kommen, zieht man seine TA RoadKing Club Card durch einen Magnetschlitz, und die Benutzungsgebühr wird automatisch vom Konto abgebucht. „Seit der Einführung dieser Karte haben wir ein deutliches Umsatzplus zu verzeichnen", sagt Bobby Seale, der 53-jährige Manager des Truckstops. Der Ingenieur aus Alabama war Mitarbeiter der Zeitschrift „Truckers USA", bevor er als Manager bei mehreren TA-Truckstops in Georgia und Indiana einstieg. In Florida

▲ Bobby Seale arbeitet als Manager des TA-Truckstops in der Nähe von Tampa. Er kennt fast jeden seiner Kunden prsönlich und unterhält sich gern mit den Fahrern.

◀◀ Der TA-Truckstop östlich von Tampa gehört zu den modernsten Stützpunkten der erfolgreichen Kette. Aber auch zu den kleinsten: Weil es nur Fast-Food-Restaurants und kein Lokal mit Bedienung gibt, weichen die meisten Fahrer in den für sie abgegrenzten Raum aus. Dort warten sie auf einen neuen Auftrag.

▲ Selbst die Fast-Food-Restaurants bieten den Fahrern einen besonderen Service: Jeder Tisch verfügt über ein Telefon und Internetzugang. Gleich daneben liegt der geräumige Tankstellenshop mit einem großen Warenangebot. Hier gibt es auch Kaffee und Sandwiches.

fühlt er sich wohl. „Hier gibt's viel Abwechslung. Okay, ich würde lieber auf einem großen Truckstop arbeiten, aber der hier gehört zu den modernsten, und das ist auch was wert. Vielleicht übernehm ich in ein paar Jahren einen anderen, wer weiß?"

Die Fahrer im *Driver's Room* kennt er seit Jahren. „He, Dennis, noch immer keine Fracht?", ruft er im Vorbeigehen. Oder: „Hi, John! Hast du immer noch deinen Freightliner?" Wenn er Zeit hat, bringt er Kaffee vorbei und bleibt auf einen Plausch. Er kennt die Familiengeschichten von jedem einzelnen Trucker und spielt schon mal den Beichtvater, wenn es einem besonders schlecht geht. So wie Larry. „Der hat gerade seine Scheidung hinter sich. Die übliche Geschichte. Die Frau wollte nicht, dass er die ganze Woche unterwegs ist, und hat sich einen Freund gesucht. Du glaubst nicht, wie oft so etwas passiert …"

„Stimmt, einige Tage sind 'ne echte Herausforderung", gesteht Cathy Wallace. Seit 17 Jahren arbeitet die fröhliche Lady auf Truckstops, seit der Eröffnung im letzten November als Shop-Managerin in Tampa. Sie kennt jeden einzelnen Fahrer und weiß sogar die Namen ihrer Frauen und Kinder. „Zuletzt hab ich in Amarillo, Texas, gearbeitet", berichtet sie, „da war echt der Hund begraben. Aber die Truckstops sind überall gleich, hier wollen sich die Fahrer von der langen Fahrt erholen, ein bisschen rumhängen und sich unterhalten. Ich hör jeden Tag eine Menge Geschichten. Neulich kam einer rein, der hatte 'ne schwere Grippe. Ich selbst hab ihn dann ins nächste Krankenhaus gefahren und ihm Blumen ans Bett gestellt."

Aus dem *Driver's Room* tönt ein lautes „Bingo!". Dennis hat endlich eine Fuhre ergattert: „Richmond, Virginia. Da komm ich zu Hause vorbei!" Zehn Minuten später kommt

▲ John Sell kommt aus Kalifornien und wartet auf eine Tour nach Florida. Cathy Wallace, die gute Seele des Truckstops, ist seit fast 20 Jahren im Business.

John, den Waschbeutel unterm Arm. „Miami, wie ich gesagt hab“, strahlt er.

Larry sitzt immer noch im Halbdunkel, schimpft auf die Polizei in Florida und den Rest der Welt, und Dave hat sowieso keine Eile. Er blättert in aller Ruhe in einer Zeitschrift, während er mit einem Auge den Monitor beobachtet. Cathy macht die Runde und schenkt ihnen frischen Kaffee nach. Wer für 1,25 Dollar den großen TA-Becher gekauft hat, bekommt auf jedem TA-Truckstop kostenlose Refills. „Wenn ich ständig bezahlen müsste, wäre ich längst pleite“, lacht Dave, „bei der Menge, die ich in mich reinschütte.“

Draußen steigt Dennis in seinen Kenworth. Ein paar Reihen weiter startet John den Freightliner. Hintereinander fahren sie vom Truckstop runter, rauf auf den Interstate, der Sonne entgegen …

Der TA-Truckstop in Tampa (Interstate 4, Exit 10) gehört zu den TravelCenters of America, der größten Truckstop-Kette der USA. Die technischen Daten: 100 Parkplätze, 6 Dieselzapfsäulen für Trucks, 7 Duschräume, Tankstellen-Shop, Lkw-Werkstatt mit Freightliner ServicePointSM Center und ExpressLane Ölwechsel, Lkw-Waage, Popeyes Chicken & Biscuits und Arby's Fast-Food-Restaurants (alle Tische mit Telefon und Internetzugang), Business-Center, TV-Room.

◀ Das Hauptgebäude des legendären Truckstops in Walcott, Iowa, seit mehr als zwanzig Jahren ein beliebter Treffpunkt für Trucker und Urlauber. Mitten in der Einöde entstand eine „Boomtown", beinahe so groß wie eine Kleinstadt. Die Leute kommen von weither, um „Iowa 80" zu sehen.

▼ Gut gelaunt erledigen die vielen Angestellten in „Iowa 80" ihren Job. Der Truckstop ist ein wirtschaftlicher Faktor für die Region.

▼ Mit einem riesigen Service-Angebot wartet der Truckstop auf seine Kunden. Besonders beliebt ist das Restaurant, in dem man reichhaltig und preiswert essen kann.

Jährlich rasten über eine Million Menschen in „Iowa 80", davon über die Hälfte Trucker. Sie schätzen die persönliche Ansprache in dem familiären Ambiente der Raststätte.

Das Wunder von Iowa 80

Iowa 80 in Walcott, Iowa, gehört zu den größten Truckstops der Welt – und verfügt über ein Dienstleistungsangebot wie eine Kleinstadt.

Im Truckstopgeschäft nennt man es eine lukrative Nische, doch die Moons ziehen es vor, ihren Truckstop geradeheraus als Goldmine zu bezeichnen. Das Gelände an der Interstate 80 umfasst 50 Acres Land, umgerechnet etwa 200000 Quadratmeter, auf dem quasi aus dem Nichts heraus eine kleine Stadt entstanden ist. In Amerika nennt man so etwas Boomtown.

Der geschäftliche Erfolg während der letzten 20 Jahre basiert auf der simplen Idee, an diesem Verkehrsknotenpunkt Benzin und Diesel zu verkaufen. Aber mit einer gewöhnlichen Tankstelle hat der Iowa 80 Truckstop nichts mehr gemein.

Man stelle sich Folgendes vor: Umgeben von fruchtbarem Farmland und endlosen Kornfeldern wirkt Iowa 80 mit seinem vielfältigen Angebot wie die Miniaturausgabe einer Stadt. Wer hier anhält, findet ein Restaurant vor, eine Eisdiele, ein Reifencenter, einen Truckterminal, eine Truckwaschanlage, einen Broker, der Frachtgeschäfte für die Trucker arrangiert, ein Geschäft wie ein kleines Kaufhaus, in dem es von Unterwäsche über Hemden bis zu Lederstiefeln fast alles zu kaufen gibt, zudem eine große Abteilung mit Truckzubehör und blitzenden Chromteilen, weiterhin einen Friseur, der Tag und Nacht geöffnet hat, Aufenthaltsräume, Duschen und eine Fernsehlounge für Trucker sowie ein CB-Funk-Geschäft.

◄ In langen Schlangen warten die Trucks vor den Zapfsäulen der riesigen Tankstelle. Über vier Millionen Liter Diesel fließen monatlich in die Tanks der spritgierigen Fahrzeuge. Mit einer gewöhnlichen Tankstelle hat diese riesige Anlage im Bundesstaat Iowa kaum noch etwas gemein.

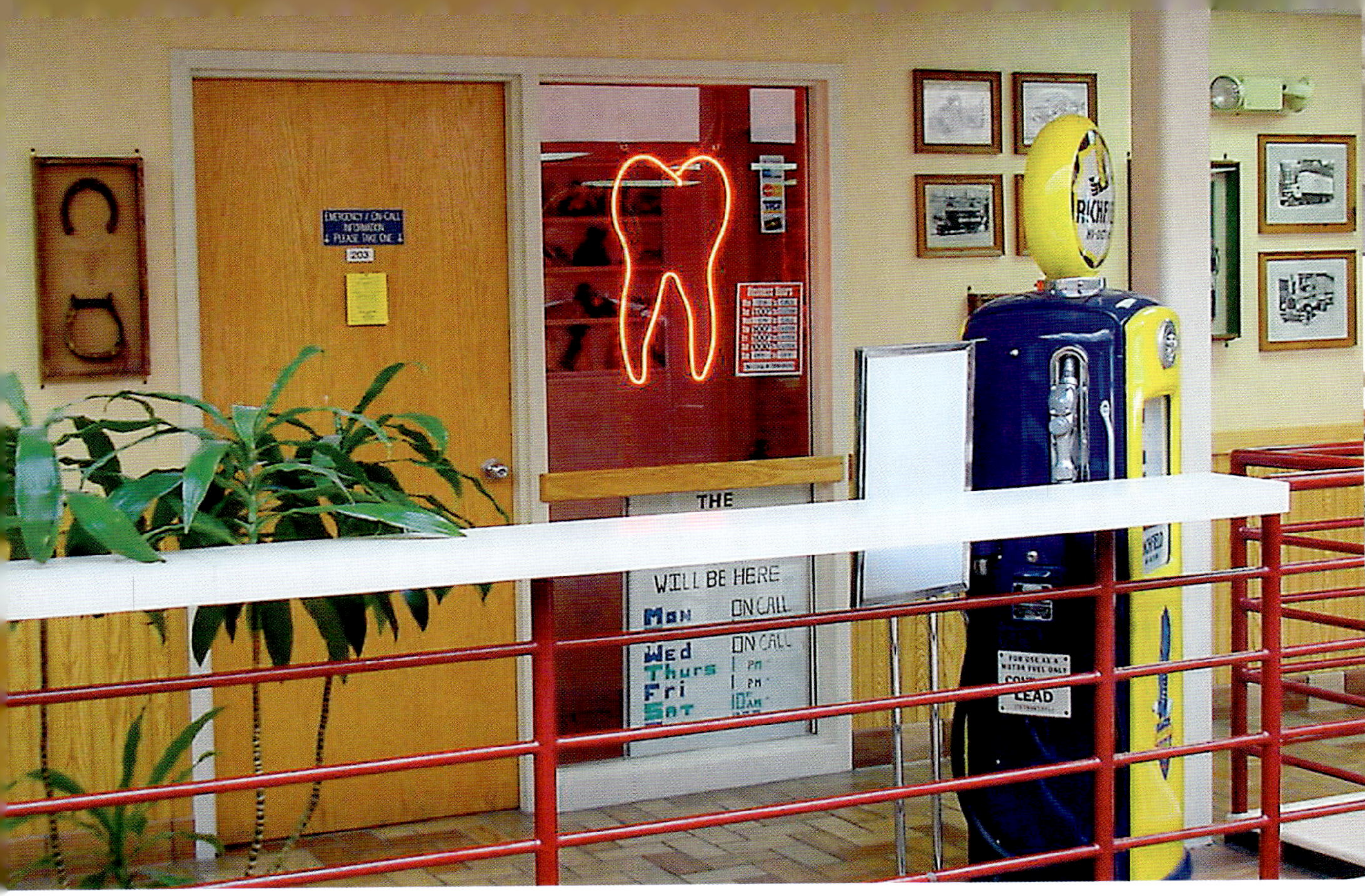

▲ Selbst ein Zahnarzt gehört zu den „dienstbaren Geistern" auf dem Truckstop. Das „Dental Office" liegt nur wenige Schritte vom Tankstellenshop entfernt. Dort finden die Fahrer alles, was sie zum Leben brauchen – vom Hustenbonbon bis zur Konservendose, vom Hemd bis zu Handschuhen.

Die Liste aller Serviceleistungen und Produkte, die auf dem Truckstop angeboten werden, ließe sich mühelos fortsetzen. Es ist gerade diese Vielfalt, die diesen Truckstop zu einer Goldgrube machte. Über eine Million Menschen halten hier jährlich an, tanken ihre Autos und Trucks auf, essen im Restaurant oder kaufen in den Geschäften ein.

Blinkende Leuchtreklamen hoch über dem Truckstop künden Iowa 80 dem Reisenden schon von weitem an. Die Leuchtreklame bewirbt den Truckstop als die größte Amoco-Tankstelle der Welt. Das glaubt man gern, wenn man sich auf das riesige Gelände begibt und das geschäftige Treiben beobachtet. Es ist ein ständiges Kommen und Gehen von Trucks. Zu allen Tages- und Nachtzeiten drängen sich die 18-Wheeler in langen Reihen auf dem Parkgelände. Trucks sind die Hauptkundschaft des Truckstops, und monatlich fließen über vier Millionen Liter Diesel in die Tanks ihrer nicht gerade spritsparenden Maschinen.

Jedes Jahr im Juli findet auf Iowa 80 eine mehrtägige Trucker-Jamboree statt, ein Festival von gigantischen Ausmaßen, das den Truckstop in einen wahren Hexenkessel verwandelt. Alle namhaften Truckhersteller präsentieren hier ihre neusten Modelle, und auch Zubehörfirmen sind mit eigenen Ständen vertreten. Für mitreißende Livemusik sorgen populäre Countrybands. Eine kleine Armee von Köchen sorgt dafür, dass die großen Grillstände im Freien ständig mit frischen Steaks, Koteletts und Hot Dogs versorgt werden.

Einige Radiostationen senden live vom Festplatz, auf dem auch Fernsehcrews aller großen TV-Stationen anzutreffen sind. Und jede Stunde lassen die Nachfahren des Gründers Bill Moon, der historische Trucks sammelte wie andere Leute Briefmarken, ihre Oldtimer in einem Umzug vorbeiparieren. Diese Jamboree gehört zu den absoluten Highlights für jeden Trucker und Truckfan. Die Interstate-Abfahrten sind an diesen Tagen völlig verstopft.

▲ Mit mehreren Restaurants unterschiedlichen Zuschnitts will man einen möglichst großen Kundenkreis ansprechen. Zur Palette gehört auch ein „Dairy Queen", das Restaurant einer bekannten Kette in den USA, die besonders für ihr cremiges Softeis und ihre preiswerten Hamburger bekannt ist.

1979 organisierte Bill Moon zusammen mit einem Partner die Jamboree, um das 15-jährige Jubiläum des erfolgreichen Truckstops zu feiern. Und wie ein 18-Wheeler auf einer abschüssigen Straße gewann dieses Festival immer mehr an Fahrt. Mittlerweile hat es sich zu einem überall in den USA bekannten Großereignis entwickelt.

„Dieses Festival hilft natürlich ungemein, unseren Truckstop von allen anderen abzusetzen", erklären die Moons. „Kein anderer hat auch nur etwas Ähnliches zu bieten." Aber diese Jamboree ist mehr als nur ein gigantischer Werbegag. Sie verbindet Vergnügen mit Nutzen.

„Unsere Kundschaft besteht hauptsächlich aus selbständigen Truckern", sagen die Moons. „Diese Leute müssen ständig auf Achse sein und haben wenig Zeit und Möglichkeiten, sich anzusehen, was neu auf dem Markt ist. Wir dachten deshalb, dass es gut wäre, wenn Experten für Getriebe, Bremsen, Achsen, Maschinen, Reifen und so weiter auf unserem Festival vertreten wären, damit die Trucker mit ihnen ihre Probleme besprechen und Informationen erhalten können."

Und genau das taten die Moons. Trucker, die gewöhnlich nur mit Truckhändlern Kontakt haben, können auf der Jamboree mit Vertretern der Hersteller, Ingenieuren und Technikern sprechen.

Die Manager von Standard Oil, denen dieser Truckstop gehörte, bevor Bill Moon sie auszahlte, waren fassungslos, als sie feststellten, dass die unterirdischen Benzinleitungen vom unablässigen Strom des Treibstoffs gefährlich angegriffen waren und ersetzt werden mussten. So etwas hatten sie noch nie erlebt. Normalerweise hätten die Leitungen für eine halbe Ewigkeit halten müssen – doch Iowa 80 ist alles andere als ein normaler Truckstop.

„Diese Ecke hier ist mit Gold nicht aufzuwiegen", räumen die Moons bereitwillig ein. „Wir wussten, dass die neuen Interstate-Verbindungen das gesamte Fernverkehrsystem grundlegend verändern würden, und den richtigen Standort für einen Truckstop zu finden war der Schlüssel zum Erfolg."

Aber vor 20 Jahren, als Bill Moon für Standard Oil arbeitete und auf der Suche nach Erfolg versprechenden Truckstopstandorten das Land bereiste, erkannte noch nicht einmal er das enorme Potenzial der Walcott/Iowa-80-Kreuzung. Da lag er: der erste Stop hinter Davenport zwischen Chicago und Omaha, Nebraska, eine Interstate-Kreuzung, wo die wichtigsten Highways in die Interstates 74 und 80 münden. Der Plan von Standard war, statt der vielen kle neren Truckstops an den Highways einige wenige große mit einem umfangreichen Serviceangebot zu unterhalten. Damals war die Idee, Räumlichkeiten für Trucker mit Bunk-Betten einzurichten, geradezu revolutionär. Und Gemeinschaftsduschen waren seinerzeit eine absolute Ausnahme – heute kaum mehr vorstellbar.

Das Grundstück für Iowa 80 wurde 1963 gekauft. Ein Jahr später bereits öffneten das Restaurant und die Tankstelle. Zwischen 1968 und 1972 kaufte Bill Moon weitere Parzellen angrenzendes Land von Standard. Den Rest erstand er im März 1984.

Seit der Eröffnung haben Erweiterungsarbeiten das Bild des Truckstops ständig verändert – und das wird auch in Zukunft der Fall sein. Iowa 80 wächst kontinuierlich und passt sich permanent den sich ändernden Ansprüchen an. „In diesem Business muss man stetig wachsen, denn die Konkurrenz zwischen den einzelnen Truckstops ist hart. Wir stehen im Wettbewerb mit Konkurrenten entlang des Interstate, die Benzin und Diesel ein paar Cents billiger anbieten. Das müssen wir natürlich durch andere attraktive Serviceleistungen ausgleichen."

Das Restaurant beispielsweise ist ein solcher Service. Es ist hell und modern, ohne dabei jedoch eine gemütliche Atmosphäre vermissen zu lassen. Unterteilt ist es in viele kleine Nischen, in denen an der Wand jeweils ein Telefon hängt. Der Trucker kann damit direkt vom Tisch aus wichtige Gespräche mit seinem Broker, seiner Firma oder mit seiner Familie führen.

▶ **Zum jährlichen Festival, der legendären „Trucker Jamboree", kommen aufgemotzte Trucks aus den ganzen USA und Kanada – ein Highlight der Truckerszene.**

Die Gerichte sind erstaunlich preiswert und werden, anders als in vielen Restaurants in Truckstops, frisch zubereitet. Der Besitzer des Restaurants weiß, was gut schmeckt. Er wacht mit Argusaugen über sein Reich und darüber, dass die Trucker unverzüglich bedient werden und den denkbar besten Servie erhalten: „Andere Truckstops sparen an allen möglichen Ecken und Enden ihrer Serviceleistungen, so auch im Restaurantbereich, um den Diesel ein paar Cents billiger abgeben zu können. Wir dagegen achten darauf, dass das ganze Paket aus Treibstoff und hochwertigem Service stimmt. Bei uns ist alles auf die Trucker ausgerichtet. Ihnen gebührt in jeglicher Hinsicht der Vorrang, ganz besonders hier bei mir. Wartet zum Beispiel eine sechsköpfige Familie auf einen freien Tisch und kommt nach ihnen ein Trucker ins Restaurant, wird ihm der nächste freie Tisch zugewiesen."

Aber damit endet die Sonderbehandlung noch lange nicht. „Die Bedienung notiert auch sofort auf dem Bestellzettel, dass es sich um die Bestellung eines Truckers handelt", fährt der Restaurantchef fort. „Seine Order wird von den Köchen allen anderen Nicht-Trucker-Bestellungen, die schon vorher eingegangen sind, vorgezogen. Das hat nichts damit zu tun, dass Trucker das Brot und die Butter unseres Geschäfts sind, sondern es steckt ein viel wichtigerer Grund hinter dieser Vorzugsbehandlung: Die Trucker fahren nach einem Zeitplan, der meist extrem knapp bemessen ist. 20 Minuten, die sie in einem Restaurant aufs Essen warten müssen, sind für sie schon 20 Meilen auf dem Highway – und damit bares Geld wert."

Der Chef hat viel für seine Truckerkundschaft übrig. So wird bei ihm am Heiligabend jeder Trucker kostenlos bedient, was immer er auch von der Speisekarte auswählt. Freies Weihnachtsessen erhalten aber auch andere Stammkunden, so die Farmer von den umliegenden Höfen, die das Iowa-80-Restaurant zu ihrem Treffpunkt gemacht haben. Wer die Möglichkeit hat, an einem Sonntagmorgen gegen sechs Uhr in der Frühe im Restaurant zu sein, wird sie dort antreffen: „Dutzende Farmer sitzen in

◀ Auch bei den Showtrucks wird in den USA nicht gekleckert, sondern geklotzt. Bis zu den Schutzverkleidungen reicht dieses Airbrush-Kunstwerk eines Kenworth.

▲ Seit 1979, als der Truckstop sein fünfzehnjähriges Jubiläum feierte, gibt es die legendäre „Trucker Jamboree", eines der bekanntesten Trucker-Festivals der Welt. Was mit ein paar Showtrucks begann, hat sich im Laufe der Jahre zu einem großen Event mit Wettbewerben und Countrymusic entwickelt.

den Nischen, frühstücken und klatschen wie die Marktfrauen", berichtet der Restaurantbesitzer amüsiert. „Die Farmer können bis nachts um zwei Uhr getrunken haben, doch um sechs Uhr stehen sie hier auf der Matte. Ihr Frühstück lassen sie sich nie entgehen. Das ist wie ein Ritual, denn sie kommen hier hauptsächlich zusammen, um miteinander über das Wetter, die Viehpreise und ihre Arbeit zu reden. Hier werden bestimmt genauso viele Geschäfte abgeschlossen wie auf einer Viehauktion."

Der Iowa-80-Truckstop ist in der Tat eine Goldgrube. Vor 20 Jahren lockte Bill Moon die Trucker auf sein Gelände, indem er Verträge mit großen Speditionen abschloss, die ihren Fahrern vorschrieben, auf Iowa 80 zu tanken und dort ihre Rastpausen einzulegen. Das war ein cleverer Schachzug, um das Geschäft erst einmal anzukurbeln und für einen ständigen Strom von Kunden zu sorgen.

Heute besteht die Kundschaft überwiegend aus selbständigen Truckern. Und ohne diese Verträge ist es noch wichtiger, einen erstklassigen Service zu bieten.

Bill Moon wusste schon damals: „Verlässt nur ein Fahrer unzufrieden unseren Truckstop, lässt er seinen Ärger über uns per Funk ab. Und dieser eine unzufriedene Trucker kostet uns dann Dutzende seiner Kollegen, die er mit seinen Sprüchen davon abhält, bei uns anzuhalten." Zudem haben sich die Zeiten geändert – und Iowa 80 mit ihnen. Früher hielten die Fahrer gewöhnlich an, um aufzutanken. Heute wollen sie vieles gleichzeitig erledigen: tanken, essen, einkaufen, Ersatzteile besorgen und etliches mehr.

Seit 1992 gehört Iowa 80 zur großen Kette Travel Centers of America. Im selben Jahr starb Gründer Bill Moon. Seine Familie führt den Truckstop in seinem Sinne fort und hat auch unter dem TA-Dach genügend Freiheiten.

Der Erfolg spricht für sich: Iowa 80 gehört zu den größten Truckstops der USA, verfügt über ein Restaurant mit 300 Plätzen und einer 15 Meter langen Salatbar. Es gibt 23 Duschen, ein Kino und einen Parkplatz für 800 Trucks und 250 Pkws. Ob zum Tanken, Essen oder Staunen – wer hier vorbeikommt, sollte einfach eine Pause einlegen.

◀ Ein historischer Kenworth wirbt für den Truckstop und das jährlich stattfindende Festival. Aber auch während eines normalen Werktages lohnt ein Besuch.

▼ Im „Embroidery Center" werden T-Shirts und andere Textilien mit Bildern, Mustern und Namenszügen bestickt. Eine größere Auswahl gibt es in den ganzen USA nicht.

▼ Am Truckomat wird getankt und mit Kreditkarte bezahlt. Schnelle Abfertigung und kundenfreundlicher Service sind bei den Fahrern gefragt.

◄ Als erster Truckstop in Europa präsentiert der Autohof Strohofer in Geiselwind einen „Drive-Thru"-Schalter vor dem betriebseigenen Burger-King-Restaurant – ein Novum für Trucker.

▼ Als „Oase der Ruhe, Entspannung und Selbstbesinnung" versteht Toni Strohofer seine Autobahnkirche, die 1999 mit dem Leitwort „Licht auf unserem Weg" ihre ökumenische Weihe erfuhr. Die Kirche wurde an die Mehrzweckhalle angegliedert. Im Altarbereich steht eine Figur des Heiligen Antonius.

▲ Der Autohof Strohofer, an der Autobahn A3 zwischen Würzburg und Nürnberg gelegen, bietet als größter Truckstop Europas einen Rundumservice für Trucker und andere Fahrensleute.

Big Toni aus Geiselwind

Der Erlebnisrasthof Strohofer in Geiselwind gehört zu den ältesten und größten Truckstops Europas. Mit enormer unternehmerischer Energie hat Toni Strohofer einen riesigen Betrieb geschaffen.

Wer bei den Fahrern vom Toni spricht, meint Toni Strohofer. Sein Autohof an der A3 zwischen Würzburg und Nürnberg bietet einen Rundumservice, wie man ihn sonst nur auf großen amerikanischen Truckstops findet. Im Restaurant wird deftige Hausmannskost geboten, von der riesigen Truckerpfanne und dem obligatorischen Schnitzel bis hin zu Feinschmeckergerichten, das Fleisch kommt aus der eigenen Metzgerei, der Wein aus einer befreundeten Kellerei, auf den Parkplatz passen über 600 Trucks und 400 Personenwagen, es gibt zwei Tankstellen mit 20 Dieselsäulen und zwei sehr gut sortierten Shops, zwei Lkw- und eine Pkw-Waschanlage, eine Lkw-Werkstatt, ein Hotel mit Schwimmbad, eine Music-Hall für kleinere und die riesige Eventhalle für große Veranstaltungen und Feste.

„Die ganze Sache fing mit dem Bau der Autobahn an", erzählt Toni Strohofer, „das war 1964. Damals waren wir in der Landwirtschaft schon sehr dominierend, wir kamen sogar ins Bayerische Fernsehen als vorbildlicher landwirtschaftlicher Betrieb. Ich arbeitete damals mit einem Freund zusammen. Wir gründeten zunächst einen Maschinenring und ließen uns auch sonst 'ne ganze Menge für die Landwirtschaft einfallen. Dann wurde die Autobahn gebaut. Sie durchschnitt meine Felder und betraf sogar unmittelbar meine landwirtschaftlichen Gebäude. Wir hatten früher eine Ziegelei, die lag zwar schon still, aber die Autobahn sollte mittendurch führen. Ich bin kein Mensch, der den Kopf in den Sand steckt. Okay, die Autobahn brauche ich auch, dachte ich mir, also musst du was daraus machen. Um die Arbeit kennen zu lernen, ließ ich mich vom Rasthof Steigerwald anstellen, obwohl ich ja eine gesunde Landwirtschaft besaß. Ich war dort in allen Bereichen beschäftigt, auch als Tankwart, und habe viele Nachtschichten geschoben. So habe ich gelernt, wie man es nicht machen darf. Dann habe ich meinen eigenen Truckstop gebaut. Schon vorher hatte ich verschiedene Mineralölgesellschaften kontaktiert und mich mit den Leuten getroffen. Mit der Deutschen Shell AG bin ich einig geworden. Bisher bin ich gut damit gefahren. Die Shell ist ein fairer Partner. Weil ich so gut vorbereitet war, blühte mein Geschäft sofort, als ich es 1981 eröffnete. Die Partner erkennen ziemlich schnell, ob man mit beiden Füßen auf dem Boden bleibt, auch wenn man Kapital hat.

Durch die Arbeit in Steigerwald wusste ich genau, was wirklich entscheidend ist. Ich wollte einen Platz für Fernfahrer schaffen, an dem sie mit ihren Nöten und Anliegen einen Mann antreffen, den sie beim Vornamen anreden dürfen. Mein Name ist Toni. Die Fahrer sollten immer eine Bezugsperson haben, wenn sie Geldsorgen haben oder in persönlichen Schwierigkeiten stecken. Das ist wohl der Hauptgrund dafür, warum diese Raststätte so schnell angenommen wurde. Ich lasse mich mitten in der Nacht aus dem Bett holen, wenn einem Fahrer das Geld ausgeht oder er in familiären Schwierigkeiten steckt. Am wichtigsten ist aber, dass hier alles geboten wird, was ein Trucker braucht. Der Lkw-Fahrer ist unsere absolute Nummer 1, auch wenn inzwischen selbst Geschäftsreisende und Urlauber gerne bei uns Halt machen."

Wie auf einem der riesigen Truckstops in Amerika. Toni hat genauso ein sicheres Gespür dafür, was ein Fernfahrer braucht. Eine freie Mahlzeit am Geburtstag zum

▲ Anton Strohofer, von den Fahrern liebevoll „Toni" genannt, versteht sich als guter Freund der stressgeplagten Trucker.

▲ Der Erlebnisrasthof in Geiselwind will mehr als ein bloßer Truckstop sein. Zum Serviceangebot gehören zwei Tankstellen, eine Lkw-Werkstatt, eine Lkw-Waschanlage, die Autobahnkirche, ein Hotel mit Wellnessbereich, Tonis Restaurant, ein Burger King, eine eigene Metzgerei, ein Life-Park zum Erholen und zwei riesige Shops.

▶▶ Im Rekordtempo von einigen Monaten wurde die große Mehrzweckhalle auf dem Gelände des Autohofs errichtet. Unter dem gewölbten Dach finden Ausstellungen, Bankette und große Festivalkonzerte statt. Zu den Countrystars, die hier auftraten, gehören Willie Nelson, die Bellamy Brothers und Tom Astor.

Beispiel oder ein besonders reichhaltiges Essen am Heiligabend. „Viele Fahrer sind allein", sagt Toni, „das bringt der Job so mit sich, und die wollen auch an Weihnachten betreut werden. Auch ich schaue am Heiligabend regelmäßig vorbei und feiere ein bisschen mit. Selbst eine Autobahnkirche gibt es bei uns, sie ist Teil unseres Life-Parks, in dem sich die Trucker entspannen können. Die Fahrer sollen sich bei mir wie zu Hause fühlen." Das ist wohl das Geheimnis von Toni Strohofers Erfolg. Er verfügt nicht nur über Bauernschläue, Risikobereitschaft und Pioniergeist, er versteht es vor allem, den Truckern ein Zuhause zu geben. Eine zweite und nicht selten sogar die einzige Heimat für die Könige der Landstraße.

Erlebnisrasthof Geiselwind – der größte Rasthof an der Autobahn. Und auch sonst ist Toni vorn. Weil er kaum auf andere angewiesen ist und alles selber erledigen kann. „Wir beschäftigen fast alle Arten von Handwerkern", sagt er. „Installateure, Elektriker, Betriebsmaurer, Fliesenleger, Maler und Schreiner. Es werden fast alle Reparaturen hausintern erledigt. Das ist sehr wichtig für einen Betrieb unserer Größe. Hätten wir diese Dinge nicht im Griff, könnten wir den hundertprozentigen Service nicht gewährleisten." Bliebe nur hinzuzufügen, dass Tonis Rasthof fest in Familienhand ist und die nächste Generation bereits mit verantwortlichen Aufgaben betraut wird.

Toni Strohofer – eine Vaterfigur für alle Trucker zwischen Holland und Italien. Ein Mann, der immer für sie da ist, der Geschäfte mit ihnen macht und auch mal fünfe gerade sein lässt, wenn einer Probleme hat. Ein gewitzter Unternehmer und ein harter Verhandlungspartner, wenn es ums Geld geht, aber auch ein guter Freund, auf den man sich verlassen kann. Ein Mann, der für seinen Job lebt und für den schon die Arbeit auf den eigenen Feldern so etwas wie Urlaub bedeutet. „Wenn man den ganzen Tag mit Fahrern, Freunden und Mitarbeitern zu tun hat, ist man ganz froh, mal allein auf dem Traktor zu sitzen und über die Felder zu tuckern. Das ist Erholung für mich, auch wenn es nur eine Stunde ist."

Mercedes-
Ausstellung
MH 6
MH 6

Scania-Highlander

Matze Reinhardt, Fahrer und Disponent bei der Spedition Kauth, hat seinen Scania von Airbrush-spezialist Walter Rosner veredeln lassen – mit Bildern und Kampfszenen à la „Highlander".

Wenn Filme wie „Highlander" oder „Excalibur" im Fernsehen laufen, sitzt Matze Reinhardt vor der Glotze. Die unbesiegbaren Schwertkämpfer aus dem schottischen Hochland und die Helden aus der Artussage lenken ihn vom Stress ab, der ihn als Niederlassungsleiter der Firma Kauth Transporte in Pfullingen plagt. Als Disponent und Fahrer trägt er doppelte Verantwortung, und manchmal wäre so ein Zauberschwert gar nicht schlecht. Das ziert zumindest seit kurzem seinen neuen Scania. „So was wie ‚Highlander' und ‚Excalibur', nur nicht so blutrünstig", hatte er sich auf seiner Zugmaschine gewünscht, und der Star-Airbrusher Walter Rosner erfüllte ihm diesen Wunsch – gewohnt fantasievoll entworfen und präzise ausgeführt. Der stolze Schwertkämpfer und die dynamische Kampfszene auf den Seitenwänden erstrahlen in leuchtenden Farben und haben den Scania zu einem richtigen Eyecatcher gemacht.

Zwei Wochen genügten Walter Rosner, um den braven Arbeitstruck in einen farbenprächtigen Showtruck zu verwandeln. Ohne Schablonen und Folien ging er mit seiner Spritzpistole ans Werk. Drei Schichten Klarlack schützen die lichtechten Farben. „Walter ist ein Genie", schwärmt Matze von dem Airbrusher, „der zaubert einen Ritter freihändig auf das Fahrerhaus." Gleich zweimal besuchte

◄◄ Für seinen „Scania-Highlander" erhielt Matze Reinhardt den Pokal für den schönsten Truck des Jahres 2004. Die Airbrushszenen à la „Highlander" und „Excalibur" stammen von Walter Rosner.

◄ Matze Reinhardt (rechts) und Showtrucker-Urgestein Sigi Reil sind seit vielen Jahren befreundet. Der Oberpfälzer gehörte zu den ersten Gratulanten nach dem Sieg.

▶▶ Nur zwei Wochen brauchte Walter Rosner, um den Scania nach Matzes Wünschen zu besprühen. Der stolze Schwertkämpfer und die dynamischen Kampfsszenen erstrahlen in leuchtenden Farben.

Matze den Künstler und blickte ihm bei der Arbeit über die Schulter. „Ich wollte Action auf meinem Truck, aber dass es so gut aussehen würde, hätte ich nicht gedacht."

Im Innenraum der Fahrerkabine musste Matze selber ran. Alle Schränke und die Innenverkleidung hat er mit feinem Samt ausgeschlagen. Das Lenkrad glänzt in warmen Brauntönen. Überall Chrom und blitzende Verzierungen, aber alles sehr dezent und nicht so übertrieben wie bei vielen amerikanischen Showtrucks. Auch mit Airbrush und bunten Lämpchen bleibt der Scania ein Arbeitsgerät. Matze: „Ich bin täglich mit meinem Truck unterwegs. Das ist keiner von diesen Showtrucks, die nur auf Festivals und Messen rumstehen." Am meisten gefällt Matze, wie gut sein runderneuerter Scania bei den Kunden ankommt: „Die freuen sich riesig, wenn ich bei ihnen vor der Tür oder im Hof parke, und sogar die Büroleute kommen nach draußen und staunen."

Matze arbeitet seit langem für die Spedition Kauth als Fahrer, Disponent und Kundenbetreuer. Als Niederlassungsleiter ist er für sechs Fahrzeuge verantwortlich. Mit Lastwagen ist er von Jugend auf vertraut: „Mein Vater saß über 40 Jahre auf dem Bock, und ich durfte in den Ferien mitfahren. Wir waren überall, in Griechenland, im Iran und in Saudi-Arabien. Wenn wir nach Hause kamen, hab ich beim Waschen des Trucks geholfen." Nach der Schule absolvierte Matze eine Lehre als Berufskraftfahrer. „Ein Jahr hab ich als Schmiermaxe in einer Werkstatt gearbeitet. Nach der Lehre war ich zuerst mit kleinen Lastern und dann mit Sattelzügen und Hängerzügen unterwegs. Die Fahrerei macht mir am meisten Spaß."

Denn ausschließlich im Büro will Matze nicht arbeiten. „Wenn ich die ganze Zeit an einem Ort bleiben müsste, würde ich eingehen!" Als Disponent kann er mit den anderen Fahrern auch unterwegs sprechen. „Mein Leben verläuft nicht nach einem festen Fahrplan. Ich muss sehr flexibel sein. Mal bin ich unterwegs, mal sitze ich im Büro, mal muss ich in die Zentrale. Isabell Kauth, meine Chefin, hat großes Vertrauen zu mir und lässt mir viele Freiheiten. Dafür bin ich ihr sehr dankbar." Ein Traumjob? „Ich wollte nie was anderes machen", bekennt der Scania-Fan.

▼ Dreimal Walter Rosner: Eis-Truck, Goldgräber-Truck und Highlander-Truck gehören zu den Highlights auf jedem Truckerfestival.

W. Rosner
09633/3196

Weltgeschichte unterwegs

▲ Walter Rosner, einer der bekanntesten deutschen Airbrusher, hat mit dem einzigartigen Projekt „Herpa präsentiert Weltgeschichte" einen seiner Träume verwirklicht.

„Weltgeschichte auf Rädern" heißt das neue Airbrushprojekt von Walter Rosner. Auf seinen rollenden Kunstwerken erzählt er die Geschichte der Menschheit in dramatischen Bildern.

„Herpa präsentiert Weltgeschichte": Zusammen mit der Modellbaufirma Herpa, die seine Trucks auch als Miniaturmodelle im Maßstab 1:87 vertreibt, arbeitet der Airbrusher Walter Rosner an einem Großprojekt. Riesige Airbrushmotive auf Zugmaschinen und Aufliegern zeigen die Weltgeschichte in spannenden und dramatischen Bildern. Ein Kino auf Rädern, das überall Aufsehen erregt. Walter Rosner: „Natürlich will ich die Leute mit meinen Airbrushmotiven begeistern. Aber wir wollen auch informieren. Wir besuchen Schulen und parken auf Stadtfesten. Ich gebe mir sehr viel Mühe mit der Recherche, wälze unzählige Bücher und surfe lange im Internet, bevor ich an die Arbeit gehe." Showtrucks als neues Medium für den Geschichtsunterricht. Und auf der Heckklappe des Aufliegers informieren Schaubilder und Statistiken über Themen wie „Die Wiege der Menschheit" und „Goldrausch in Kalifornien" – und vielleicht bald auch über „Die sieben Weltwunder" und „Altes Ägypten".

„Die Wiege der Menschheit", der erste Weltgeschichte-Truck, zeigt die Entwicklung des Menschen vom behaarten Affen bis zum aufrecht gehenden Neandertaler: Steinzeitmenschen hocken in einer düsteren Höhle. Tapfere Jäger greifen mit einfachen Speeren ein mächtiges Mammut an. Die Entdeckung des Feuers. Die bewegende Geschichte der ersten Menschen, die lange vor unserer Zeit gegen wilde Tiere und die übermächtige Natur kämpfen mussten.

▶ „Die Wiege der Menschheit", der erste Weltgeschichte-Truck, zeigt die Entwicklung des Menschen vom behaarten Affen bis zum aufrecht gehenden Neandertaler.

Die Szenen auf dem zweiten Weltgeschichte-Truck erzählen vom Goldrausch in Kalifornien. Das wichtigste Motiv zeigt James Marshall, einen Arbeiter, der beim Bau einer Mühle am 24. Januar 1848 einen riesigen Nugget im American River fand. „Gold! Gold! Gold!" titelten die Zeitungen im nahe gelegenen San Francisco, und die ganze Nation strömte nach Westen, um nach dem kostbaren Metall zu suchen. Allein im ersten Jahr des Goldrauschs wurde Gold im Wert von zehn Millionen Dollar aus dem Boden gewaschen, ein Jahr später war es bereits die vierfache Menge.

▲ Die Airbrushbilder auf dem zweiten Weltgeschichte-Truck erzählen in farbenprächtigen Bildern vom Goldrausch in Kalifornien.

Auf der Zugmaschine und dem Auflieger eines neuen DAF-Sattelzugs der Spedition Roland Poensgen wird diese abenteuerliche Zeit noch einmal lebendig. In aktionsreichen Bildern erzählt der Airbrushkünstler von dem Goldfund, den Trecks nach Westen sowie der Arbeit auf den Goldfeldern und in den Minen.

Über 40 Liter Lack benötigt Walter Rosner für jedes dieser rollenden Kunstwerke, ungefähr 450 Stunden sind er und seine Mitarbeiter im Einsatz. Walter Rosner benutzt keine Schablonen, selbst die größten Szenen sprüht er freihändig auf den Truck. Schmunzelnd verrät er das Geheimnis der lebensecht wirkenden Szenen: „Dafür müssen meine Mitarbeiter herhalten. Ich ziehe sie so an, wie ich sie später auf dem Truck haben will, setze ihnen einen Hut auf, drücke ihnen eine Schaufel in die Hand und stelle sie nach meiner Vorstellung auf, um den richtigen Blickwinkel zu bekommen. Wenn die Szene steht, fotografiere ich sie mit meiner Digitalkamera. Das Ganze dann in eine Geschichte zu verpacken, die sich rund um den Truck zieht, ist für mich das Schönste. Die Fantasie ist dabei eine unerschöpfliche Quelle."

Wie viele Weltgeschichte-Trucks es geben wird, steht noch nicht fest. Aber die sieben Weltwunder und das alte Ägypten sollen auf jeden Fall dabei sein. Walter Rosner: „Zwei meiner Lieblingsthemen."

▲ Freihändig sprüht Walter Rosner selbst feine Details auf das Metall des Trucks. Mehrere Lackschichten verleihen den Bildern das brillante Aussehen.

Oben: In bunten Airbrushbildern schildert Walter Rosner die Geschichte des kalifornischen Goldrauschs: Mit Planwagen, Ochsen, Maultieren und Werkzeugen zogen die hoffnungsvollen Goldsucher nach Westen, auf der Suche nach dem Reichtum, den sie als Farmer und Arbeiter niemals erlangen konnten.
Unten: Auf den Goldfeldern schufteten die Männer bis zum Umfallen. Sie siebten das Flusswasser und hofften darauf, schwere Goldkörner blitzen zu sehen.
Unten rechts: Auch Chinesen, die aus ihrer Heimat geflohen waren, um im fernen Amerika eine neue Heimat zu finden, beteiligten sich an der Goldsuche. Doch gegen die weißen Geschäftemacher waren sie machtlos.

Oben: Auch in den Minen war die Arbeit hart und entbehrungsreich. Die Männer schlugen das goldhaltige Erz aus den Wänden und beförderten es in schweren Wagen aus dem Schacht. In einer Mühle wurde das Erz dann zermahlen. Unten links: Mit kleinen Gags reichert Walter Rosner seine großflächigen Airbrushgemälde an: Eine gefährliche Klapperschlange hat sich zwischen Geröll versteckt. Unten rechts: Abenteuerlustige Einzelgänger wuschen den Goldstaub und die Goldkörner in flachen Pfannen aus den Flüssen. Sie schwenkten die Blechpfannen so lange, bis das schwere Gold am Boden liegen blieb.

Rüdiger im Airbrushfieber

▲ Während des Kunststudiums war Rüdiger Fieber selber als Trucker unterwegs. Als gefragter Airbrusher besprüht er Trucks, aber auch Sportwagen, Motorräder und Karussell-Löwen.

Rüdiger Fieber ist seit über 20 Jahren als Airbrushkünstler tätig und hat sich einen festen Platz in der Truckerszene erobert. Für seine künstlerisch gestalteten Trucks erhielt er mehrere Preise.

Die Fieber-Kurve steigt nach oben: Rüdiger Fieber, ein bekannter Airbrushkünstler aus Amberg, verwandelt schlichte Alltagstrucks in rollende Kunstwerke, aber nicht nur: Er besprüht auch Sportwagen, Lieferwagen, Motorräder und sogar Karusselllöwen mit knalligen Airbrushfarben. Den Sattelzug der Firma Conrad ließ er in leuchtenden Blautönen erstrahlen, den Bayerland-Truck verzierte er mit einer fantasievollen Käselandschaft, den Batterien von Varta verhalf er zu neuem Glanz. Die Trucks zahlreicher Speditionen tragen seine Farben. Und bei seinem eigenen Mercedes Vito ließ er der Fantasie freien Lauf, wofür er umgehend mit einem Pokal der Deutschen Trucker-Club-Gemeinschaft (DTCG) in der Klasse der Mini-Trucks belohnt wurde.

▶ Für seinen Mercedes Vito, den er mit farbenprächtigen Airbrushmotiven verzierte, erhielt Rüdiger Fieber den begehrten Pokal der Deutschen Trucker-Club-Gemeinschaft.

Rüdiger ist gelernter Werbetechniker. Nach der Ausbildung schloss er sich dem Team des bekannten Autodesigners Walter Maurer in München an und besprühte die heißen Renner von Mercedes und BMW. Während seines anschließenden Kunststudiums kam er zum ersten Mal mit Trucks in Berührung. Um Geld zum (Über-)Leben zu haben, heuerte er als Fernfahrer an und steuerte Sattel- und Silozüge quer durch Europa. „Dabei habe ich die Trucker kennen und schätzen gelernt." Der Weg in die Selbständigkeit war mutig und führte zurück in seine oberpfälzische Heimat nach Amberg. Auf einem 3800 Quadratmeter großen Gelände ließ er eine Airbrushhalle errichten, die groß genug für Sattelschlepper und Busse ist. „In München hätte ich ein solches Gebäude niemals finanzieren können." Seit über 20 Jahren lebt er mit seiner Familie nahe der Autobahn.

Die meisten seiner Projekte sind Auftragsarbeiten: „Die Firmen kommen auf mich zu und möchten, dass ich ihre Ideen verwirkliche." Und so geht es weiter: Rüdiger fertigt eine Skizze an und macht sich an die Arbeit. Alle elektrischen und sperrigen Teile werden abgeschraubt: „Dabei helfen mir befreundete Mechaniker von der benachbarten MAN-Werkstatt." Nachdem er den Untergrund abgeschliffen und aufgeraut hat, beschichtet er ihn mit einem transparenten Haftvermittler und malt Figuren und Motive mit einem Kreidestift darauf. Schriften werden mit dem Computer erstellt. Mit der Sprühpistole macht sich Rüdiger an die Feinarbeit. Eine Palette von über 12000 Farben steht ihm zur Verfügung, darunter alle gängigen Lkw-Farben. Über die Farben sprüht er Klarlack. Aber erst nach nochmaligem Nassschleifen und einer weiteren Schicht Klarlack ist die Arbeit fertig.

Seine Ideen holt sich Rüdiger Fieber in Florida: „Dort finde ich die besten Inspirationen." Jedes Jahr verbringt er mehrere Wochen im Sonnenstaat der USA und hilft einem befreundeten Airbrusher bei der Arbeit. Doch am wohlsten fühlt er sich bei den deutschen Fahrern. Weil er selber mal gefahren ist, versteht er ihre Sorgen und ihre Freuden. Als Mitglied des Truckerclubs Brombachsee ist er auf allen DTCG-Festivals zu finden, zusammen mit seinem Sohn Marvin, der sich ebenfalls für aufgemotzte Trucks begeistert. Natürlich hofft Rüdiger immer darauf, einen Pokal zu gewinnen – aber die Hauptsache für ihn ist es, dabei zu sein.

▸ Konzentriert arbeitet Rüdiger Fieber die Details seiner Airbrushgemälde aus. Seine Inspirationen holt er sich in Florida, wo er jedes Jahr mehrere Wochen bei einem befreundeten US-Kollegen verbringt.

Heaven can wait
SCANIA
164L
480
DO AMT 1
H
L

Grüne Welle für Andi

Hoch auf dem grünen Wagen fährt Andreas Martin quer durch Europa. Die Airbrushmotive auf seinem neuen Scania sind das Geburtstagsgeschenk seiner Freundin.

Mit seinem aufgemotzten Scania hat Andi Martin immer grüne Welle – doch die grüne Lackierung seines Arbeitgebers war ihm nicht genug. Deshalb hat er seinen eher biederen Hängerzug in einen rollenden Showtruck verwandelt. Eine Amazone und ein Engel grüßen von seinem Fahrerhaus, von Airbrushkünstler Peter Litgers zwei Postermotiven nachempfunden. Der Schriftzug *Heaven can wait* – Der Himmel kann warten – über der Windschutzscheibe hat eine tiefere Bedeutung. Andi hat ihn dem ehemaligen Werkstattmeister seiner Firma gewidmet: „Der arme Kerl hat sich wegen familiärer Probleme umgebracht. Ich bin dafür, den Himmel so lange wie möglich warten zu lassen."

Seit acht Jahren fährt Andi für die Spedition Natter (die inzwischen unter Transkona firmiert), davon drei Jahre als selbständiger (Sub-)Unternehmer. Er träumte schon als Kind davon, mit einem Truck durch Europa zu fahren, aber da machten ihm die Behörden der DDR einen Strich durch die Rechnung: Weil sein Vater mit der Politik des Arbeiter- und Bauernstaates nicht einverstanden war, durfte er nicht auf den Bock. „Also lernte ich Schlosser. Später fuhr ich Autokran, denn ganz wollte ich aufs Fahren auch nicht verzichten." Nach der Wende wurde der Sachse im Westen fündig. Bei der Spedition Grießhaber gab man ihm endlich seinen Traumjob. „Ich bekam einen 280er MAN mit Büssing-Maschine – nicht gerade eine Rakete, aber es war ein Anfang." Als Kranfahrer hatte er die entsprechende Fahrerlaubnis, die Feinheiten des Lkw-Fahrens lernte er von seinem Beifahrer. Inzwischen macht dem Andi auf einem Hängerzug keiner mehr etwas vor.

Zu der österreichischen Spedition Natter in Dornbirn kam er durch einen Kollegen. Ein Glücksfall, „denn erstens gefällt es mir dort sehr gut, und zweitens lernte ich dort meine Lebensgefährtin kennen". Birgit kommt aus Jülich und fährt ebenfalls für die Österreicher. Sie hatte auch die Idee, den Scania mit Airbrushmotiven aufzupeppen. „Das war ein Geschenk zu meinem 40. Geburtstag. Zuerst sollte es nur ein kleines Bild sein, aber dann haben uns die Amazone und der Engel so gut gefallen, dass sie groß auf das Fahrerhaus mussten." Er lacht und stellt klar: „Mit meiner Freundin hat die Kriegerfrau nichts zu tun."

Mit seinem Scania ist Andi rundum zufrieden. „Ich bin 1,95 Meter groß, da braucht man eine Menge Platz in der Hütte. Normalerweise hätte ich einen DAF bekommen, aber da wäre mir das Bett im Weg gewesen." Der Scania „passte" ihm schon nach einer Runde. Immerhin kreuzt Andi „hoch auf dem grünen Wagen" quer durch Europa. Am liebsten jedoch ist er in Skandinavien unterwegs, „da ist noch genug Platz". Auch in England und Italien ist er mit seinem Hängerzug auf Tour.

Vor einer Panne ist ihm nicht bange: Als begeisterter Bastler und Tüftler führt er (fast) alle Reparaturen selbst aus. „Damals in der DDR blieb uns gar nichts anderes übrig. Mein Vater fuhr jahrelang einen W50, der kannte seinen Laster in- und auswendig. Von ihm hab ich 'ne ganze Menge gelernt."

Beim Truck-Grand-Prix am Nürburgring durfte er mit seinem grünen Truck über die Piste fahren. „Das war ein echtes Erlebnis", schwärmt Andi noch heute.

▲ Andreas Martin träumte schon als Kind davon, auf dem Bock eines schweren Lkws durch Europa zu fahren. Seit der Wende ist er auf großer Tour.

◀◀ Hoch auf dem grünen Wagen fährt Andreas Martin durch Europa. Die Airbrushmotive auf seinem Scania sind ein Werk des Künstlers Peter Litgers, der die Amazone und den Engel einem Poster nachempfunden hat. Das englische Motto ist einem verstorbenen Freund gewidmet.

◄ Die spärlich bekleidete Amazone auf der Fahrerseite gefällt Andreas besonders gut: „Die einzige Frau, auf die meine Birgit sauer sein darf. Sonst gibt es keine Konkurrenz!"

► Seine Lebensgefährtin lernte Andreas bei seinem Arbeitgeber kennen. Auch Birgit steuert einen Laster für die österreichische Spedition. Beide sind „truckverrückt".

►► Die Idee, den Scania mit Airbrushmotiven aufzupeppen, hatte Birgit. „Zuerst sollte es nur ein kleines Bild sein, aber dann wurde ein ganzes Panorama daraus!"

▼ Die Begeisterung für seinen Job hat Andreas von seinem Vater geerbt: „Der fuhr jahrelang einen W50 zu DDR-Zeiten. Von ihm habe ich eine Menge gelernt."

TRANSKONA

NATTER
INTERNATIONALE TRANSPORTE 6853 DORNBIRN

Rundgren
Rundgren
SISU
SISU
SISU
StoraEnso
Rundgren
SISU
SISU
SISU

Pink Panther on tour

Mit seinem „Pink Panther", einem pinkfarbenen Truck mit Airbrushmotiven aus der berühmten Zeichentrickserie, kurvt Carlo Rundgren durch die Wälder des hohen Nordens.

In Deutschland hat es die Seniorenorganisation Graue Panther zu einem gewissen Bekanntheitsgrad gebracht. Und ohne Carlo Rundgren zu nahe treten zu wollen – bei den Grauen Panthern würde man den Finnen mit seinem schlohweißen Haar und dem ebenso weißen Bart eher vermuten als im Club der Pink-Panther-Fans. Und doch hat es ihm gerade diese Zeichentrickfigur angetan.

Rundgren wohnt in Pello, rund 130 Kilometer westlich der berühmten Polarkreisstadt Rovaniemi, an der Grenze zu Schweden. Er ist ein Trucker mit Leib und Seele, der ein kleines Fuhrunternehmen leitet und irgendwann damit begann, seinen Lastwagen zu verschönern. Und bald ging es ihm wie so vielen anderen: Irgendwann verfällt man rettungslos der Leidenschaft für Lack und Edelstahl.

Zu den richtig eingefleischten Showtruckern gehört Rundgren noch nicht, aber er ist auf dem besten Weg dazu. Vor vielen Jahren begann er damit, seinen damaligen Truck mit einigen Airbrushbildern eines Amateursprayers aufzupeppen. Jetzt kurvt er durch die finnischen Wälder mit einem Sisu, der rundum professionell mit Pink-Panther-Motiven verziert ist. Natürlich ist auch die Grundfarbe seines Holztransporters passend zum Thema Pink. Damit der ganze Stolz seines Besitzers auch ordentlich Eindruck macht, hat Rundgren dem Sisu noch einige Anbauteile aus Edelstahl spendiert, vorneweg einen blitzenden Bullfänger. Den braucht man in Finnland auch wegen der vielen Rentiere, mit denen fast jeder Trucker schon irgendwann einmal schlechte Erfahrungen gemacht hat. Aber vielleicht lassen sich die seltsamen Viecher ja auch von einem ausgewachsenen Panther abschrecken, selbst wenn der – nicht ganz naturgetreu – pinkfarben ist.

▲ Carlo Rundgren, ein begeisterter Trucker aus Finnland, ist am Polarkreis zu Hause. Mit seinem aufgemotzten Holztansporter kurvt er durch die Wälder des Nordens.

◀◀ Auch die anderen Fahrzeuge seiner Firma sind in der Farbe des Pink Panther gehalten. Carlo: „Damit übersieht mich in den dunklen Wäldern und im Schnee keiner!"

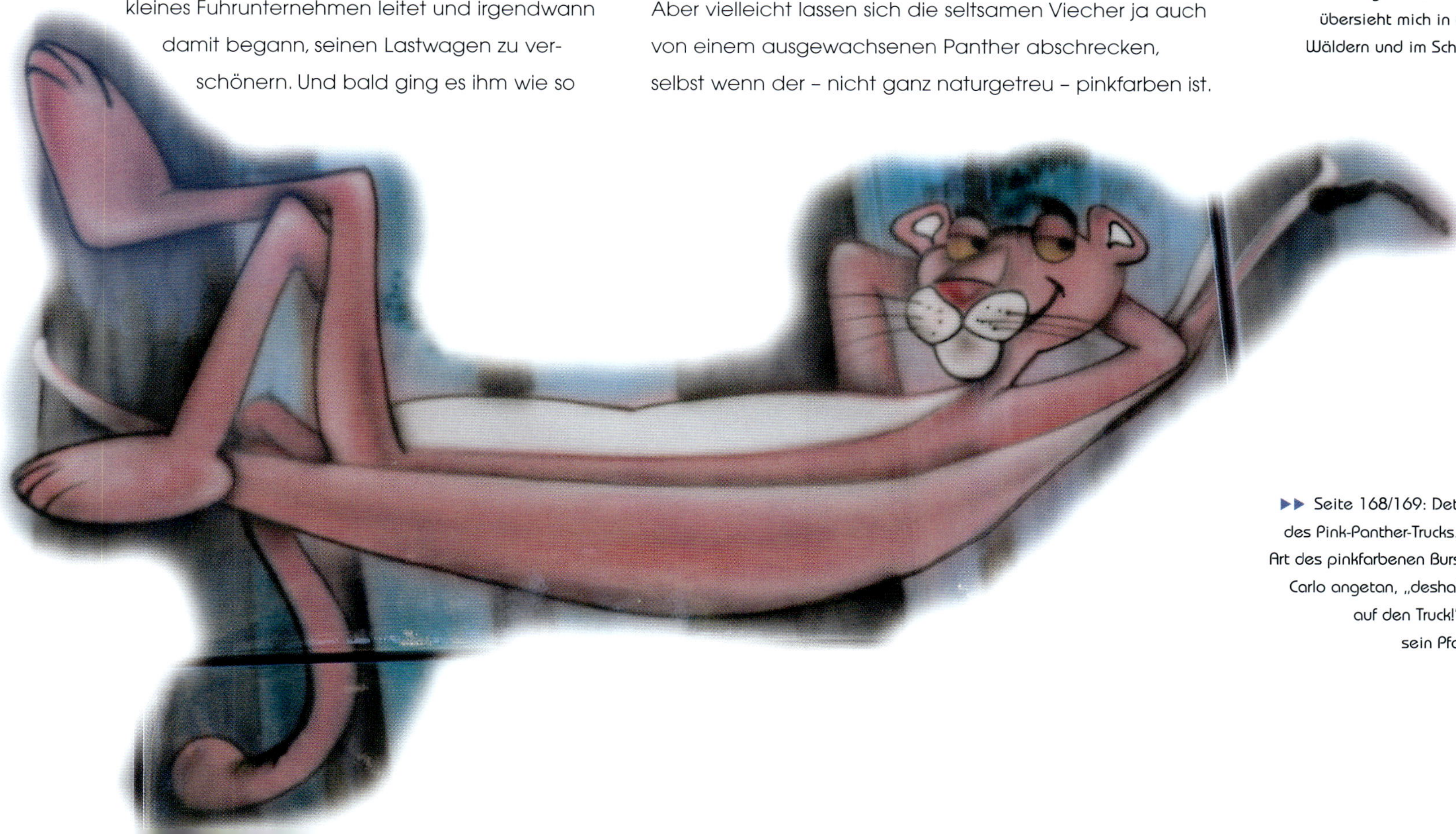

▶▶ Seite 168/169: Detailansichten des Pink-Panther-Trucks. Die lockere Art des pinkfarbenen Burschen hat es Carlo angetan, „deshalb musste er auf den Truck!" – wie auch sein Pfotenabdruck.

SISU

ALUCAR
Sisu Auto

GLADIATOR
AUVINEN
KULJETUS
AUVINEN
GLADIATOR
MBV-8

Mika Auvinen – Trucker aus Leidenschaft

Der finnische Fahrer bezeichnet sich selbst als einen Süchtigen. Mit großer Begeisterung pflegt er seine beiden Showtrucks, vielleicht die außergewöhnlichsten Fahrzeuge in Europa.

Mika Auvinen ist ein Freak. Na ja, der Ausdruck ist vielleicht nicht gerade gentlemanlike, aber auf den Finnen trifft er doch mit einiger Berechtigung zu. Früher einmal hat Auvinen Eishockey gespielt. Mag sein, dass er als Spieler oder Anhänger eines großen Clubs ebenso besessen von dem schnellen Sport auf Kufen war wie von seiner neuen Leidenschaft. Für den finnischen Nationalsport hat der 34-Jährige inzwischen zu seinem großen Bedauern keine Zeit mehr: Er ist jetzt mit Leib und Seele Trucker, genauer gesagt ein Transportunternehmer, der selbst noch viel Zeit hinter dem Lenkrad verbringt. Seine Gedanken kreisen vermutlich 24 Stunden am Tag um seine Lastwagen. Wenn man sich näher mit Mika Auvinen und seiner großen Leidenschaft beschäftigt, kommt zunächst Überraschendes zutage. Denn nicht etwa der Marke Sisu gehört seine Sympathie. Das ist inzwischen der einzig verbliebene finnische Fahrzeughersteller, der im Lande bei seinen Fans Kultstatus genießt und von dem eigenwilligen Völkchen im Norden Europas in etwa so verehrt wird wie die verblichene Schweizer Lastwagenschmiede Saurer von den Eidgenossen oder alte Chevys von amerikanischen Oldtimerliebhabern.

Bei Mika kommt nur ein Truck auf den Hof – und der ist *Made in Germany*: Der Nordmann schwärmt für Mercedes. Die Liebe zu der schwäbischen Truckmanufaktur geht sogar so weit, dass Mika einen goldenen Mercedes-Stern als Anhänger an seiner Halskette trägt. Wenn ein Kunde so überzeugt von einer bestimmten Marke ist, verwundert es nicht weiter, dass er alles in seiner Macht Stehende tut, um das Produkt ins rechte Licht zu setzen. Das beginnt im Fall von Auvinen bereits bei der Bestellung: Seine Trucks sind vom Feinsten, an Extras aus der Zubehörliste wird gewiss nicht gespart. Zudem sind finnische Lastwagen von ihrer Erscheinung her nicht selten ziemlich imposant, was am erlaubten Gesamtgewicht von 60 Tonnen liegt, das die Nordeuropäer ihren Truckern großzügig zugestehen. Die daraus resultierenden Kombinationen machen natürlich optisch mehr her als ein schnöder 40-Tonner, bestehend aus Sattelzugmaschine mit aufgeschnalltem Trailer. Die Kombinationen aus Auvinens Stall rollen auf sieben Achsen durchs Land. Drei davon entfallen auf das Zugfahrzeug, vier auf den Hänger. Bestückt sind Trucks und Trailer mit Silos, denn der Finne transportiert Pulver und Granulate, vor allem Zement.

◄◄ Mika Auvinen schwärmt für aufgemotzte Mercedes-Trucks. Sein „Gladiator" mit den beiden Silo-Aufbauten bringt 60 Tonnen auf die Waage. Bemalt hat sie der Airbrush-künstler Simo Riikonen.

▼ Mika, ein finnischer Transportunternehmer aus Leidenschaft, lebt Tag und Nacht für seinen Beruf. Der ehemalige Eishockeyspieler schwärmt für Mercedes.

Das Besondere an Auvinens Lastwagen ist allerdings die Bemalung. Er hat inzwischen zwei Züge, deren Namen „Outlaw3" und „Gladiator3" das jeweilige Thema bezeichnen. Simo Riikonen, der die Lastwagen künstlerisch veredelt hat, ist einer der besten und berümtesten Airbrusher Finnlands. Riikonen ist in seiner Heimat übrigens nicht nur Truckern oder Motorradfahrern ein Begriff. Er hat unter anderem sogar schon Briefmarken entworfen und seine Werke in zahlreichen Ausstellungen einem breiten Publikum vorgestellt. Bei der Umsetzung der jeweiligen Themen haben sich der Airbrushkünstler und sein Kunde einen besonderen Clou einfallen lassen: Alle, die irgendwie an dem Lkw-Projekt beteiligt waren, wurden auf den Trucks auch porträtiert. Folglich finden sich auf dem Westernfahrzeug neben einem grimmigen Clint Eastwood beispielsweise der Lastwagenverkäufer von Veho (das ist der finnische Generalimporteur für Mercedes), der Fahrer Jouni Haimila und Auvinen selbst im passenden Westernoutfit wieder – Simo Riikonen hat das alles zwar augenzwinkernd, aber perfekt in Szene gesetzt. Im Gegenzug ließ sich der stolze Besitzer sein Schmuckstück in die eigene Haut stechen – über Auvinens linke Brust fährt auf immer und ewig ein eintätowierter Silozug, der natürlich einen Mercedes-Stern trägt.

Besonders am Herzen liegt dem Transportunternehmer seine eigene Familie. Und deshalb hat er auf einem Fahrzeug seiner Frau ein wohl einzigartiges Denkmal gesetzt: Riikonen sprühte sie – passend zum Gladiatorenthema – als römische Kaiserin in blauem Rüschenkleid auf die Beifahrerseite der X-Large-Kabine. In das Diadem seiner Königin ließ Auvinen anschließend noch echte Diamanten einarbeiten.

Der Finne versucht erst gar nicht, für seine Leidenschaft vernünftige Erklärungen zu finden – sein Hobby, gibt er unumwunden zu, trägt viel eher pathologische Züge: „Bei den Kunden bringt das letztlich nichts, denen sind Qualität und Zuverlässigkeit viel wichtiger. Das Ganze ist eher wie eine Krankheit oder sogar wie eine Sucht. Mit einem Truck fängt es an, da lässt du zunächst nur die Kabine machen. Und dann wird es mit der Zeit immer mehr und immer perfekter."

Logisch, denn fast zwangsweise fährt ein stolzer Besitzer eines derart veredelten Trucks auf die einschlägigen Festivals und Shows. Dort ist die Konkurrenz groß: Wer einen Pokal mit nach Hause bringen oder gar als Sieger vom Platz fahren möchte, muss sein Fahrzeug rundum perfekt veredeln. Dann müssen beispielsweise Blinkerleuchten mit dem Mercedes-Stern her, zudem mächtige Bullenfänger, 100 Extra-Lampen, jede Menge hochglanzpolierter Edelstahl, verchromte Einstiege in Form von Steigbügeln und so weiter.

Da die Finnen ein Volk sind, das von und mit dem Holz lebt, ist es auch nicht weiter verwunderlich, wenn man beim Blick in die geschmackvoll veredelte Gladiator-Kabine entdeckt, dass der Fußboden zwischen den Sitzen aus dunklen Holzpaneelen besteht, in die ein weißer Mercedes-Stern als kunstvolle Intarsienarbeit eingelegt ist. Das Ganze passt natürlich ausgezeichnet zum mattgelben Leder, mit dem der komplette Innenraum inklusive der Sitze überzogen ist.

Es gibt ja Neider, die gern behaupten, derartige Traumtrucks parkten den Großteil des Jahres gut geschont in der Garage. Gefahren würden sie höchstens von dort bis zu den Festivals oder irgendwelchen Fototerminen und müssten folglich nicht viel arbeiten. Bei anderen mag das so sein, doch Mika Auvinen erzählt über seine Schmuckstücke ganz andere Geschichten. Ungefähr vier Jahre bleiben die Kombinationen normalerweise in seinem Unternehmen. Während der Saison, die ungefähr den sechs Sommermonaten entspricht, fahren die Silozüge im Zweischichtbetrieb rund um die Uhr, den Rest des Jahres reicht je ein Fahrer. Zwischen 170000 und 200000 Kilometer beträgt die jährliche Laufleistung: stolze Werte. Es gibt reichlich Trucks, die bei weitem nicht so schön sind wie der „Outlaw" oder der „Gladiator" – und ein weitaus geruhsameres Dasein fristen dürfen.

▶▶ Der Finne hat seine beiden Mercedes-Trucks mit viel Chrom und liebevollen Details veredelt. Seine Begeisterung für die deutsche Marke mit dem Stern ist unübersehbar – das Markenzeichen des deutschen Marktführers strahlt überall.

Streaker
Streaker
Streaker

WARNING!
HIGH
TRAILER
KENWORTH
AMSOIL
Mack

V-TWIN

Streaker – Ein Leben auf Rädern

Richard Johns III. alias „Streaker" kurvte fast 30 Jahre lang über die Interstates und Highways der USA. Sein roter Peterbilt war nicht nur dort ein Blickfang, sondern auch auf jedem Festival.

Weil er sein Leben lang durch Amerika fuhr und auf fast jedem Highway seine Spuren hinterließ, nennt man ihn „Streaker" – auf Deutsch „Flitzer". Eigentlich heißt er Richard Johns III., und dass sein Job irgendwas mit Trucks zu tun haben würde, war schon im Kindesalter klar. Streaker wuchs auf dem Truckstop seiner Eltern auf. Richard II. und Irene führten den Autohof am Highway 360 in Amelia, Virginia. Nach der Schule hatte der kleine Richard III. nichts Dringenderes zu tun, als noch vor den Hausaufgaben in der Tankstelle und der Werkstatt zu jobben. Nach der Highschool wurde er nach Vietnam eingezogen. Er hatte Glück und kehrte unversehrt aus dem Krieg zurück. Richard III. arbeitete weiter für seine Eltern und kümmerte sich auch um den Reifenhandel auf dem Truckstop. Gern war er mit den Fahrern zusammen, und daher beschloss er, selber einmal auf den Bock zu steigen.

Sein erster Truck war ein Kipper. Doch die Arbeit auf den Baustellen war bald schon nicht mehr aufregend genug, und er stieg auf eine Sattelzugmaschine um. Mit Aufliegern voller Gemüse und Obst pendelte er zwischen Florida und Kalifornien. Sein langjähriger Arbeitgeber war die Firma Country Wide Transportation. Die Arbeit machte ihm Spaß. Er genoss die langen Fahrten über die Interstates und die Aufenthalte auf den Truckstops. Er war für ein „Leben auf Rädern" geboren worden.

Anfang der 90er-Jahre erfüllte sich Streaker einen weiteren Traum: Er kaufte einen 1990er Peterbilt und einen 1991er Great Dane Reefer Trailer und motzte sowohl die Zugmaschine als auch den Auflieger mit viel Edelstahl und Chrom zu einem Showtruck auf. Den Auflieger verzierten riesige Airbrushmotive. Der Truck wurde von einem Detroit-Diesel mit 425 PS angetrieben. Mit diesem farbenprächtigen Truck erledigte er ganz normal seinen Job und brauste über die Interstates und Highways, sehr zur Freude seiner Kunden, die sich aus den Fenstern lehnten, wenn er mit seinem Laster auf den Hof fuhr.

Auf den großen Festivals war Streaker ebenfalls erfolgreich. Sage und schreibe 65 Pokale erhielt er für seinen Peterbilt, davon über die Hälfte für den Gesamtsieg. In zahlreichen Magazinen der USA und Europa und sogar in einigen Videos tauchte der Truck auf. 1993 verbrachte Streaker drei Monate in Europa und besuchte Festivals in Deutschland, Holland, Schweden und Finnland. „Dort habe ich viele neue Freunde gefunden", erzählt er.

Im März 1999, nach einer Herzoperation, war Streaker gezwungen, seinen geliebten Job aufzugeben. Stolze 29 Jahre hatte er auf den Highways verbracht. Aber auf den Festivals lässt er sich immer noch blicken – und natürlich auf den Truckstops bei seinen einstigen Kollegen …

◄◄ Mit seinem roten Peterbilt gehörte Richard Johns III. alias „Streaker" jahrelang zu den bekanntesten Showtruckern der USA. Er wuchs auf dem Truckstop seiner Eltern auf, kümmerte sich jahrelang um den Reifenhandel und jobbte in der Werkstatt. Nach seinem Einsatz in Vietnam ging er mit dem Peterbilt „on the road".

▼ Mit seinem Peterbilt erfüllte Streaker sich einen Jugendtraum. Das mit Westernmotiven verzierte Ungetüm brachte 425 PS auf den Asphalt und war auf allen Festivals zu sehen.

CATERPILLAR
www.jettruck

Der Rote Mann aus Holland

Überall, wo Peter Verheyen mit seinem gewaltigen Peterbilt auftaucht, bilden sich schnell große Menschentrauben: Der amerikanische Truck und sein skurriler Besitzer waren auch am Nürburgring ein Publikumsmagnet.

Es ist schon spät am Abend, kühl, ziemlich windig und regnerisch, wie so häufig am Nürburgring. Trotzdem ist im Fahrerlager noch ein Mann mit bloßem Oberkörper unterwegs. Nein, nicht einfach nur ein Mann: Eine Erscheinung ist das. Über und über tätowiert, mit einer hüftlangen, pechschwarzen Mähne.

Am breiten Gürtel baumelt ein Bowiemesser, Hosen und Schmuckstücke sind auch nicht gerade das, was am Ring normalerweise getragen wird. Ein Roter Mann hat sich in die Eifel verlaufen, ein Indianer, der zu nächtlicher Stunde noch zu seinem Untersatz spricht. Das allerdings ist kein edler Appalosa-Hengst, sondern ein mächtiger Truck. Der nicht gerade dezente Peterbilt kündet schon von weitem von der Leidenschaft seines stolzen Besitzers.

Eigentlich ist von dem Truck wenig zu erkennen außer der typischen Hauber-Silhouette. Denn der Langschnauzer ist rundum mit blinkendem Zierrat verschönert worden, so wie sich das für das Gefährt eines Häuptlings gehört. Kuhhörner, jede Menge Lichter, Bullenfänger und himmelwärts ragende Auspufftöpfe fallen auf den ersten Blick auf, Details wie die verzierten Einstiege oder allerlei Aufkleber erst beim zweiten.

Der Rote Mann ist natürlich nicht wirklich ein Indianer, vielmehr kommt Peter Verheyen aus Holland. Aber auch das ist nur die halbe Wahrheit. Denn geboren wurde der

▲ Peter Verheyen gehört zu den skurrilsten Figuren der Truckszene. In seinem indianischen Outfit zieht er die Blicke aller Zuschauer auf sich.

◀ Sein aufgemotzter Peterbilt, mit Kuhhörnern und viel Chrom verziert, präsentiert sich auf den Rennstrecken gern als Feuer speiender Drache.

◀◀ Seit 1987 bastelt der Holländer an seinem Truck. Seine Verwandten, vor allem sein Vater, helfen ihm bei der Arbeit. Auf fast allen großen Festivals und im Rahmenprogramm der Truckrennen gehört das Fahrzeug zu den Attraktionen.

▲ (und Seite 181:) Der bequeme und reich verzierte Arbeitsplatz ist eines Häuptlings würdig. Peter und sein Clan investieren viel Geld in den Showtruck, der in den Papieren als „Jahrmarkt-Attraktion" geführt wird, weil er mit dem Auflieger viel zu lang wäre. Der Sechszylinder-Motor schafft stattliche 550 PS.

44-jährige Indianerfreund in den kanadischen Rocky Mountains. Dann verschlug es ihn irgendwie nach Europa, wo er sein Wigwam erst einmal im Gebirge aufschlug. Zwei Jahre lang wohnte der Mann aus Kanada im österreichischen Ötztal, anschließend ging es weiter nach Holland. Ungefähr alle zwei Jahre zieht es ihn mit seiner Familie zurück in die wilden Rockies. Dann macht er ausgiebig Urlaub in Kanada, besucht seine alten Freunde und tankt einfach auf.

Peter hat trotz seines martialischen Outfits so gar nichts von einer grimmigen Rothaut an sich. Er ist überaus freundlich und erzählt bereitwillig von seinem einzigen Hobby. Das ist, wie könnte es wohl auch anders sein, natürlich der Truck. Der gehört der ganzen Familie, aber vor allem Peters Vater hat eine ganze Menge Geld in das einzigartige Schmuckstück gesteckt.

Drei Jahre lang hat der Clan an dem Fahrzeug Teil um Teil zusammengepuzzelt. Der Peterbilt musste früher richtig hart schuften. 1987 wurde der Truck gebaut. „Dann hat er fast 13 Jahre lang bei einem Freund gearbeitet, als Road Train mit mehreren Aufliegern", erzählt Peter. Für diesen Job war die Motorisierung mit einem bulligen Cat-Triebwerk gerade gut genug. 550 PS leistet der Sechszylinder, was 1987 nicht nur in Kanada ein stolzer

Wert war. Die ungeheure Kraft wird von einem robusten Fuller-Getriebe übertragen, das für alle Eventualitäten mit 18 Gängen bestens gerüstet ist.

Zunächst tingelte Verheyen mit dem schwarz-roten Peterbilt noch als Solo-Zugmaschine zu den Truckerfesten. Doch inzwischen hat sich der rote Mann mit seinem Clan einen komfortablen Wigwam hintendrauf gesattelt. Auf drei Achsen rollt ein Panoptikum, wie es wohl nur ein Pendler zwischen den Kulturen zustande bringt: holländischer Plüsch meets indianischen Zierrat. Der Schaukelstuhl steht unter dem Tomahawk, die Western-Garderobe gegenüber dem CD-Regal. Und wenn sich der Rote Mann zu später Stunde mit seiner Frau ins ausladende Himmelbett begibt, wird die Szenerie von einer UV-Röhre in bizarres Licht getaucht – dem Sternenzelt über der Prärie ist das nicht unbedingt nachempfunden.

Mit dem neuen Auflieger ist das Gespann „zu lang, zu breit, zu hoch", wie Peter lachend feststellt. Da hilft nur ein pfiffiger Dreh: Der Zug ist in Holland als „Kirmesattraktion" registriert, was ja auch so falsch gar nicht ist. Denn der Indianerfreund taucht mit seinem Stamm nur auf Truckerfesten oder ähnlichen Veranstaltungen in ganz Europa auf. Die Arbeit als Fahrer hat Peter nach zwei Monaten aufgegeben, weil der Lohn ausblieb…

▲ (und Seite 180:) Hinter den Wänden des Aufliegers verbirgt sich ein fürstlicher Wigwam – ein angemessenes Zuhause für den Holländer, der in Kanada geboren wurde und lange in Österreich gelebt hat. In seinem Herzen aber ist er ein Indianer, wie sich an seinem Outfit unschwer erkennen lässt.

Peterbilt
BDL-9115
USA

ICHELIN

Rollende Kunstwerke

Walter Rosner ist der Star unter Deutschlands Airbrushern. Mit handwerklichem Können und viel Liebe zum Detail verwandelt er selbst biedere Arbeitstrucks in rollende Kunstwerke.

Über 20 Trucks hat Rosner mit seiner Airbrushpistole zu Kunstwerken umgestaltet, aber auch Lieferwagen, Personenwagen, Motorräder, Häuserwände, sogar Hallenbäder und Diskotheken wurden durch seine farbenprächtigen Bilder zu Attraktionen. Unzählige Pokale haben die Fahrer der von ihm gestalteten Trucks auf Festivals gewonnen. Walter Rosner: „Jede Arbeit bedeutet für mich eine neue Herausforderung." Die Airbrushtechnik brachte er sich selber bei. Nach einer Lehre als Kfz-Mechaniker arbeitete er als Lackierer und Karosseriebauer, dann besuchte er die Kunstakademie und machte anschließend sein Hobby zum Beruf. Mittlerweile beschäftigt er drei feste Mitarbeiter und acht Aushilfen: „Wir sind eine richtige Firma geworden."

Walter Rosner: „Meine Kunden kommen mit einer vagen Idee. Ich rede mit ihnen, bringe in Erfahrung, ob sie eine Kampfszene oder eher was Ruhiges haben möchten, und fertige mit dem Computer eine Skizze an. Wie ein Grafiker, der ein Layout herstellt. Manchmal stelle ich auch ein Modell her. Die Kunden sollen vorher sehen, was sie bekommen. Die Bemalung eines Trucks kostet zwischen 15000 und 20000 Euro." Zwei bis vier Wochen benötigt er für ein Fahrzeug, manchmal auch länger. Alle künstlerischen Arbeiten übernimmt er selbst, beim Lackieren dürfen die Mitarbeiter ran.

Vor der eigentlichen Arbeit muss ein Fahrzeug – wie beim Umlackieren – abgedeckt, teilweise zerlegt und abgeschliffen werden. Der Hintergrund eines Airbrushkunstwerks wird lackiert, außer bei großen Motiven, die

◄◄ Bis ins kleinste Detail führt Walter Rosner die farbenprächtigen Bilder mit seiner Spritzpistole aus. Bei den Fahrern gefragt sind vor allem märchenhafte Fantasyszenen und Rittermotive.

▼ Auf den „Vasall-Truck" von Maik Baumgart sprühte Airbrusher Walter Rosner spannende mittelalterliche Kampfszenen.

▲ Der „Vasall" gehört zu den schönsten deutschen Airbrushtrucks. 2002 erhielt Maik Baumgart für ihn den Pokal für den „Truck des Jahres".

▶▶ Fantasie kennt keine Grenzen: Mit seinen fantasievollen Airbrushmotiven inspirierte Walter Rosner auch zahlreiche andere Airbrusher.

viel Platz beanspruchen. Mit der Spritzpistole überträgt Walter Rosner seine farbigen Skizzen auf das Fahrerhaus und den Auflieger. Eine immer wieder neue Herausforderung, die viel Geschick erfordert, denn Massenkunst ist dem Oberpfälzer verpönt. Er braucht keinen Diaprojektor und keine Schablonen, arbeitet stets freihändig, nur mit Spritzpistole und Skizze bewaffnet. Folien sind dem Künstler ein Gräuel. „Ich benutze lichtechte Farben, die erzielen eine viel größere Wirkung." Darüber kommen drei Schichten Klarlack, so sind die Kunstwerke widerstandsfähiger, und man kann sie leichter ausbessern. Beim Schleifen entsteht der typische Glanz, der jeden Rosner-Truck zu einem farbenprächtigen Blickfang macht. Walter Rosner: „Jeder meiner Trucks soll ein rollendes Kunstwerk sein." Und ein werbeträchtiger Blickfang – für die Firma und für Airbrusher Rosner.

▶ Für den Modelltruckhersteller Herpa gestaltete und besprühte der Oberpfälzer diesen „Monument-Truck", eine seiner schönsten Arbeiten. Der Truck gehört zu den auffälligsten rollenden Plakatwänden.

▼ Die fleißigen Wichtel, auf seinen Henglein-Trucks die absoluten Stars, gehören zu den Lieblingsfiguren von Walter Rosner. Auch auf dem „Monument-Truck" von Herpa spielen sie die Hauptrolle.

▲ Zu Walter Rosners bekanntesten Auftragsarbeiten gehört der „Köln-Truck". Das einzigartige Panorama der Rhein-Metropole kann man von Zeit zu Zeit nun auch in anderen Städten oder Dörfern bewundern – oder beim Truck-Grand-Prix am Nürburgring, je nachdem, wo der Truck gerade unterwegs ist.

◀ Werbung und Kunst schließen sich nicht aus. Zahlreiche Firmen beauftragen Walter Rosner mit der Gestaltung ihrer rollenden Werbetrucks. Selbst Bierflaschen werden durch Airbrush erst richtig schön.

Truck Races Rennen fahren

Truck-Grand-Prix am Nürburgring

Spannende Truckrennen, offenes Fahrerlager, Korsos mit Oldtimern und ganz normalen Trucks – das größte Country-Open-Air Europas, der Truck-Grand-Prix am Nürburgring, zählt zu den beliebtesten Motorsport-Spektakeln des Jahres.

Jedes Jahr am zweiten Wochenende im Juli geht's hoch her in der Eifel. Der Truck-Grand-Prix am Nürburgring gehört zu den meistbesuchten Motorsport-Veranstaltungen in Deutschland. Mehr als 240000 Zuschauer besuchen das drei Tage dauernde Spektakel – und wenn es noch mehr Platz gäbe, würden wohl noch wesentlich mehr hierher kommen.

Schon Wochen vor Beginn sind die Karten für den Truck-Grand-Prix restlos ausverkauft. Kein Wunder, denn bei diesem Grand Prix wird eine Menge geboten: Auf der Rennstrecke messen sich die besten Truck-Racer des Kontinents in spannenden Rennen.

Bei einem Truckrennen wird noch richtig gefightet. Nicht wie bei der Formel 1, die wohl in vielerlei Hinsicht ihre technischen und sportlichen Grenzen erreicht hat. Trucker drücken aufs Pedal und liefern sich heiße Kopf-an-Kopf-Rennen. Auch bei höchstem Sicherheitsstandard sind aufregende Pistenduelle gewährleistet.

Und damit nicht genug: Auf dem Freigelände in der Müllenbachschleife, der nicht befahrenen Südkurve des Nürburgrings, findet das größte Countrymusic-Open-Air Europas statt. Über 60000 Fans feiern vor der Mammutbühne und singen mit ihren Idolen bei jedem Wetter. Truck Stop, Tom Astor, Silverwood, Dagmar und Larry Schuba & Western Union gehören zu den Stammgästen dieses musikalischen Topevents. Im Industriepark und auf den zahlreichen Bühnen der Nutzfahrzeug- und Zubehör-

◂ Spannende Positonskämpfe beim Truck-Grand-Prix am Nürburgring: Bei den Truckrennen wird noch erbittert gefightet, nicht wie bei der Formel 1, wo viele Rennen in Langeweile erstarren. Truck-Racer liefen sich heiße Kopf-an-Kopf-Rennen und ringen um jeden Meter – Blechschäden nicht ausgeschlossen!

▲ Das Spektakel auf dem legendären Eifelkurs zieht jedes Jahr über 240 000 Zuschauer an. Die Renntrucks gehen bei (fast) jedem Wetter auf die Piste und liefern sich heiße Duelle. Mit den Straßentrucks haben die PS-starken Boliden inzwischen nur noch wenig gemein – unter dem Blech und dem Kunststoff verbirgt sich geballte Kraft.

hersteller wird ebenfalls Musik gemacht. Zu den technischen Highlights, die es dort zu sehen gibt, gehört der futuristische Supertruck des Reifenproduzenten Fulda, der auf Knopfdruck in faszinierender Weise auseinanderklappt und sich in eine Bühne verwandelt. Dance, Rock und hübsche Girls sind in jedem Jahr fester Bestandteil des bunten Showprogramms.

Bei jedem Truck-Grand-Prix wird der Wunschtraum vieler ganz normaler Berufstrucker wahr: Beim großen Korso am Sonntag dürfen sie sich mit ihren Fahrzeugen einem riesigen Publikum präsentieren. Und einen Tag früher sind die Oldtimer dran. Über 100 Nutzfahrzeuge aus der „guten alten Zeit" rollen über die legendäre Rennstrecke.

Tagsüber kann man neben den liebevoll restaurierten Fahrzeugen auch die normalen Lkws in Ruhe besichtigen: Die an der Sonntagsparade teilnehmenden Trucker kampieren in der Müllenbachschleife in unmittelbarer Nähe zur großen Country-Open-Air-Bühne, die Oldtimer stehen im Industriepark unterhalb des Fahrerlagers. Die Fahrer sitzen zwischen ihren Trucks, in offenen Hängern oder unter mitgebrachten Sonnensegeln beim gemütlichen Bierchen mit Kollegen zusammen und erfreuen sich am

bunten Treiben abseits der Rennstrecke. Eine ganz besondere Attraktion der vergangenen Jahre fand den Weg von England hierher: die „Comfy Bananas". 16 rollende Betten, Badewannen und andere ausgefallene Fahrzeuge rollen beim Comedy-Rennen über den Ring – ein sehenswerter Spaß.

Für viele Zuschauer ist das offene Fahrerlager die eigentliche Attraktion beim Truck-Grand-Prix. Nur bei der Europameisterschaft der Truck-Racer darf man hautnah dabei sein, wenn die Piloten an ihren Boliden herumschrauben und die PS-starken Maschinen für das Rennen startklar machen. Dort lassen sich die Fahrer auch noch kurz vor dem Rennen auf die Finger schauen und finden sogar Zeit, Interviews zu geben und Autogrammkarten zu verteilen. Und gleich nebenan, im Industriepark, präsentiert die Industrie ihre neuen Produkte und bietet den Besuchern mit Verlosungen, Wettbewerben und Entertainment am laufenden Band unterhaltsame Werbung.

Und wem das alles nicht genug ist: Am Samstag, pünktlich um 23 Uhr, beginnt ein atemberaubendes Feuerwerk am Nachthimmel über der Rennstrecke und bildet den würdigen Abschluss eines unvergleichlichen Spektakels.

▲ Anders als bei der Formel 1 ist man bei den Truckrennen in der Eifel hautnah dabei. Selbst das Fahrerlager steht den Besuchern offen, und die sportbegeisterten Truckfans dürfen den Piloten und Mechanikern über die Schulter blicken, wenn sie an ihren hochgezüchteten Boliden herumschrauben. So macht Motorsport richtig Spaß!

Nach den Rennen steigt in der Müllenbachschleife ein musikalisches Großereignis! In der Südkurve des Nürburgrings geht das größte Country-Open-Air Europas über die Bühne. Seit über 20 Jahren treten dort die populärsten Countrystars aus Europa und den USA auf. Amerikanische Superstars wie Alan Jackson und die Bellamy Brothers rissen die Fans zu Begeisterungsstürmen hin! Noch besser kommen allerdings die deutschen Stars bei den Festivalfans an: Silverwood (großes Foto links) brachten die Show und den Rock in die deutsche Countrymusic zurück. Gudrun Lange und Kactus (oben links) eroberten die deutschen Popcharts mit Songs wie „Ich tanz im Regen". Tom Astor (großes Foto rechts) hält sich seit Jahren an der Spitze der deutschen Country- und Popcharts und feierte riesige Erfolge mit Songs wie „Junger Adler". Er stand bereits beim ersten Truck-Grand-Prix auf der Bühne. Ebenfalls dabei: Dagmar, die „Lady of Country" (oben Mitte).

▸▸ Seite 194/195: Abseits der Rennstrecke überrascht der Truck-Grand-Prix mit einem bunten Rahmenprogramm: Feuer spuckende Raketenautos, heiße Mädels, Cowboys und Cowgirls sowie Rennfahrer zum Anfassen. Aufregender und spannender als jedes Formel-1-Rennen, sagen die Truck-Grand-Prix-Fans.

ADAC
SACHS
MAN
TIRES FOR PROFESSIONALS

Hasseröder
Premium Pils
DKV
GOODYEAR

Karel HOLOUBEK a.s.
TRADE GROUP
KeyTec
BRAVE
STANDOX
RIGDON
JURID
NUTREND
Dietary Supplements
LUK
Petr Janků
ENERG SPACE
13

AUTOS, ACTION & ATTRACT

AUTOS, ACTION & ATTRACTION
ERLEBNISWELT

AUTOS, ACTION & ATTRACTION
ERLEBNISWE

TRUCKTEAM
TRUCKTEAM
VOLKSWAGEN Nutzfahrzeuge
2
Deutsche Post
DHL
Postbank
GEORG FISCHER +GF+
Sattelkupplungen
RÜCKER
Deutsche Post World Net
TRUCKTEAM
Trucker
Zwicky
SWISS PREMIUM CEREALS
KNORR
BREMSE
KW

AUTOS, ACTION & ATTRACTION
ERLEBNISWELT
Mercedes-Benz Original-Teile
MAN
5
6

AUTOS, ACTION & ATTRACTION
ERLEBNISWELT
Mercedes-Benz Original-Teile
MAN
5
6

AUTOS, ACTION & ATTRACTION
ERLEBNISWEL
Mercedes-Benz Original-Teile
5
6

MAN ServiceCard
DKV
BPW Bergische Achsen
Hertz
GOODYEAR
TRUCK FORCE
MAN
Hertz
SACHS
1
Diesel Center www.koller.de
BOSCH
BPW
Castrol
Elixion
Castrol

Lutz Bernau, der Truck-Race-Champion

Der deutsche Fahrer wird als erfolgreichster Truck-Racer der letzten Jahre gefeiert. Jahrelang machte er bei der Rallye Paris-Dakar von sich reden, dann verschlug es ihn auf die Rennpiste.

Wenn die Ampel auf Grün umschlägt, bebt die Eifel. 20000 Pferdestärken lassen die Erde vibrieren, und ein Knäuel aus bunt lackierten und beklebten Boliden schießt auf die erste Kurvenkombination, das Castrol-S, zu. Meist fällt schon hier, nach wenigen Sekunden, die Entscheidung über Sieg oder Niederlage. Einige Rennfahrzeuge nehmen die Abkürzung über das Kiesbett, andere benutzen den Vordermann als Bremshilfe. Wild kurbeln die Piloten an den Lenkrädern, um ihre Fahrzeuge auf der Piste zu halten und sich den entscheidenden Vorteil zu verschaffen. Doch die Rede ist hier nicht von Schumi & Co, den Helden der Formel 1. Die versammeln meist weniger Pferdestärken auf dem schnellen Eifelkurs als die bunte Truppe der schwergewichtigsten Sportgeräte, die eine Europameisterschaft ausfahren: die Renntrucks. Genau genommen ist es gar keine richtige Meisterschaft – die zehn Rennen umfassende Serie heißt offiziell FIA European Truck Racing Cup, und ausgetragen wird sie in den beiden Klassen Race-Trucks und Super-Race-Trucks.

Seit vielen Jahren ist ein einheimischer Akteur ganz vorne mit dabei, wenn sich die seriennahe Klasse der Race-Trucks zum Start aufreiht: Lutz Bernau. Der ist als mehrfacher Champion und Vizemeister der erfolgreichste Truck-Racer der letzten Jahre. Wie zahlreiche Kollegen verfügt auch Bernau über eine bewegte Motorsportlaufbahn. 1983 nahm er erstmals an der Rallye Paris-Dakar teil, ein Jahr später feierte der Bayer auf der südfranzösichen Rennstrecke Circuit Paul Ricard in Le Castellet seine Premiere auf dem Rundkurs. Damals, vor über 20 Jahren, erstrahlte die legendäre Wüstenrallye Paris-Dakar noch im frischen Glanz eines neuartigen und faszinierenden Motorsportspektakels. Die Rallyeveranstalter – allen voran ihr Erfinder Thierry Sabine – taten einiges, um dem Nimbus der Veranstaltung gerecht zu werden: Die Rallye galt als Härtetest für tollkühne Abenteurer mit überdurchschnittlichen Steherqualitäten.

Selbst wenn man Lutz Bernau länger kennt, wundert man sich, dass seine Motorsportkarriere ausgerechnet im Dunstkreis eben dieser Paris-Dakar begann. Denn ein halb- oder gar völlig verrückter Hasardeur ist Bernau gewiss nicht. Ganz im Gegenteil: Während es im Fahrerlager des europäischen Truck-Race-Cups genügend Akteure gibt, die mit dem Herunterklappen des Visiers ihre „zivile" Persönlichkeit ablegen und danach, am Steuer ihrer hoch gezüchteten Boliden, kaum wiederzuerkennen sind, gilt Bernau als einer der wenigen, die auch auf der Piste einigermaßen besonnen agieren.

Aber vielleicht ist der Grund dafür, dass Bernau ausgerechnet bei der Wüstenrallye anheuerte, ganz woanders zu suchen. Die Extremfahrt durch die nordafrikanischen Dürrezonen ist eine französische Erfindung. Bernau lebte zu dieser Zeit in Frankreich, er spricht perfekt Französisch und hatte auch beruflich mit Lkws zu tun. Folglich brauchte es nur ein paar kleinere Zufälle, und der Gastarbeiter fand sich in einer der unbequemen Kabinen eines Off-Road-Lasters wieder, unterwegs nach Dakar. Dieses Abenteuer strahlt zumindest auf die, die einigermaßen unbeschadet bis zum Ziel auf dem Strand vor der senegalesischen Hauptstadt durchgekommen sind, eine große Faszination aus. Auch der Deutsche begann, kaum dass sein erster Auftritt bei der Paris-Dakar beendet war,

▲ Lutz Bernau gehört zu den erfolgreichsten deutschen Truck-Racern. Mehrfach beendete er die Saison als Champion oder Vizemeister.

◄◄ S. 196/197: Auf der Piste kämpfen die Truckpiloten um jeden Meter. In jeder Kurve gehen die tollkühnen Männer in ihren schweren Kisten auf Tuchfühlung. Was in der Formel 1 schon lange nicht mehr möglich ist, gehört bei den Truckrennen zum Alltag.

◄◄ Noch vor 20 Jahren waren Truckrennen die Domäne ölverschmierter Hobbyfahrer, die in aufgemotzten Straßenfahrzeugen über die Pisten bretterten. Inzwischen haben sich diese Rennen im Motorsport etabliert. Lutz Bernau in seinem speziell angefertigten MAN-Truck gehört zu den Vollprofis.

▲ In der Saison 2001 feierte der sympathische Bayer vom Ammersee seinen bis dahin größten Erfolg: Er wurde zum ersten Mal Europameister in der Race-Klasse.

mit den Planungen für die Fortsetzung. Einen ersten Karrierehöhepunkt verbuchte Bernau 1986. In diesem Jahr erkämpfte er sich gemeinsam mit seinen Teamkollegen den zweiten Platz in der Lkw-Wertung.

Es dauerte einige Jahre, bis Bernau seine Karriere fortsetzte und es ihn dann endgültig in das Lager der Truck-Racer verschlug. Seine ersten Runden auf dem Renntruck drehte der Deutsche ebenfalls in Frankreich, wo es seit vielen Jahren ein hochkarätiges nationales Championat gibt. In dem startete der ehemalige Wüstenfahrer zunächst, ehe er 1995 in die Europa-Serie wechselte. Mit einem selbst aufgebauten MAN stieg er in die seriennahe Race-Truck-Klasse ein und verzeichnete im gleichen Jahr nicht einen einzigen Ausfall. 1996 belegte er unter 30 Startern in der Gesamtwertung Rang acht. 1997 gelang ihm schließlich der Durchbruch. Er erklomm im Lauf der Saison zehnmal das Siegerpodest und sicherte sich den fünften Platz im Gesamtklassement. Das Rennjahr 1998 brachte sowohl fahrerisch als auch bezüglich des Abschneidens bei zahlreichen Veranstaltungen eine weitere Steigerung. Die Verwicklung in einen schweren Unfall in Zolder warf ihn aber jäh zurück. Trotzdem hatte Bernau einen Traum – er wollte in der darauf folgenden Saison 1999 mit seinem MAN-Truck in die Riege der Schnellsten in der Race-Klasse vorstoßen. Dies gelang ihm auch mehr oder weniger.

Doch wie gesagt: Der MAN-Fahrer gilt in der Szene als bedächtig und trotz aller Rivalität als sehr kollegial. Deshalb verstrich noch einige Zeit, ehe der Motorsportler nach kontinuierlichem Aufstieg ganz oben angekommen war. Sein Meisterstück lieferte der Deutsche, der jetzt in Utting am Ammersee wohnt, in der Saison 2001: Da wurde er in der Race-Klasse Europameister. Im Folgejahr musste er sich seinem österreichischen Konkurrenten Egon Allgäuer beugen, der sich in einem spannenden Endspurt beim letzten Rennen des Jahres verdient den Titel holte. Bernau zeigte beim Showdown auf dem Lausitzring Nerven und wurde Vizemeister. Im Jahr darauf gelang es dem Deutschen, mit Erfolg zurückzuschlagen: Er holte sich zum zweiten Mal die Krone in der seriennahen Klasse, sein härtester Konkurrent war zum dritten Mal in Folge Egon Allgäuer. In der Saison 2004 entpuppte sich schnell ein anderer Fahrer als Matchwinner. Der Brite Stuart Oliver setzte sich schon beim Saisonauftakt an die Spitze der Tabelle – und dort blieb er bis zum letzten Rennen. Nach dem ersten Saisondrittel sah es so aus, als ob Olivers Vorsprung immer größer würde. Doch mit einem überragenden Auftritt auf dem Nürburgring – vier Siege in vier Rennen – fand Bernau wieder Anschluss und jagte fortan den Spitzenreiter. Vor dem letzten Lauf des Jahres, in welchem dem Sieger 20 Punkte gutgeschrieben wurden, betrug der Vorsprung Olivers gerade einmal acht Punkte. Doch das sollte zum Gewinn der Trophäe reichen, Bernau wurde einmal mehr Vizechampion.

Wie auch die Formel 1 ist Truck-Racing fast immer eine reine Männersache gewesen, Frauen am Steuer kamen mehr oder weniger nur als Fußnoten zum Hauptgeschehen vor. Mit Lastern assoziiert man eben Power, Schweiß, harte Arbeit und ein ungebundenes Leben auf den endlosen Highways dieser Welt. Auch wenn die Realität anders (und meist trister) aussieht – die Lastwagenfahrer träumen gerne von dieser Klischeewelt. Und diese kitschigen, romantischen Vorstellungen werden in besonderem Maße natürlich auf die Truck-Racer übertragen, zumal dieser Sport in den ersten Jahren eine Domäne von Lkw-Fahrern war, die in ihrer Freizeit mit aufgemotzten Straßenfahrzeugen und ölverschmierten Händen über Rennpisten bretterten. Bernau kann sich noch gut an diese Zeit erinnern, in der ja auch er angefangen hat. Speziell der Truck-Grand-Prix auf dem Nürburgring vermittelt immer noch eine leise Ahnung davon, wie es früher einmal gewesen sein muss – hier dominieren die Asphaltcowboys: Es ist traditionell das wichtigste Fest der deutschen Lastwagenfahrer, die hier teils sogar ihren Urlaub verbringen und ausgelassen feiern. Den Besuchern wird neben dem sportlichen Geschehen auf der Rennstrecke

ein opulentes Rahmenprogramm geboten, aus dem vor allem die Musikveranstaltung in der Müllenbachschleife herausragt, die zum größten Country-Open-Air-Konzert in Europa avancierte.

Auch wenn sich das Starterfeld inzwischen zum Teil aus Motorsportprofis rekrutiert, die sich schon in anderen Klassen Meriten verdient haben, hat das am raubeinigen Machoimage der Truck-Racer wenig geändert. Generell sind Rennfahrer schließlich nicht allzu weit von diesem Klischee entfernt. Mitunter hat es etwas Rührendes, wenn die harten Jungs nach einem hitzigen Gefecht wieder einmal bei den Rennkommissaren antreten müssen: Klosterschüler ausnahmslos, die keiner Fliege etwas zuleide tun könnten und wie die ertappten Pennäler auf den jeweiligen Konkurrenten zeigen. Doch ist das Visier erst einmal heruntergeklappt, geht's ordentlich zur Sache. Da wird mit Hilfe von weit über 1000 PS Leistung und etlichen 1000 Newtonmeter Drehmoment archaischen Männlichkeitsritualen freier Lauf gelassen: Es wird gerempelt, was das Zeug hält, der Vordermann vor der Kurve noch einmal kräftig angeschoben und nach Möglichkeit ausgebremst: Wer nachgibt, hat verloren.

Das alles gibt es natürlich auch in anderen Motorsportserien, doch welches Renngerät hat ein vergleichbar imposantes Auftreten wie die hochgezüchteten Fünftonner, die der Form halber sogar noch eine richtige Sattelplatte mit um den Kurs schleppen müssen? Die Zuschauer rund um den Ring jedenfalls begeistern sich seit 20 Jahren für dieses Spektakel, und vollends geraten sie aus dem Häuschen, wenn ein paar Piloten nach dem letzten Rennen ihre Trucks kreiseln lassen. Burn-out – bis die teuren Spezialreifen, wund gescheuert von der rohen Gewalt von über 1000 Pferdestärken, mit einem lauten Knall zerbersten: Das sind die Momente, in denen man in den strahlenden Gesichtern der Fans lesen kann, dass wirklich alles geboten wurde, was sie sehen wollten.

▲ Beim Truck-Grand-Prix am Nürburgring gibt es keine Geheimnisse. Anders als bei der Formel 1 steht das Fahrerlager auch Besuchern offen, und jeder darf den Truck-Racern beim Schrauben über die Schulter schauen. Lutz Bernau gehört seit vielen Jahren zu den Favoriten der überaus spannenden Europameisterschaft.

Pikes Peak or Bust!

Zur Zeit des Goldrauschs schrieben die Glücksritter „Pikes Peak or Bust!" auf ihre Planwagen – entweder wir schaffen es bis zum Pikes Peak, oder wir gehen pleite. Heute donnern Trucks über die steilen staubigen Bergpisten.

Immer dann, wenn die Verse vom wunderbaren weiten Himmel, violetten majestätischen Bergen hoch über den bernsteinfarbenen Wellen des Getreides erklingen, werden Amerikaner gerne sentimental. „America the Beautiful" heißt das anrührende Lied, das längst zu einer inoffiziellen Hymne der Vereinigten Staaten geworden ist. Ein wenig süßlich mutet der Text an, aber das kann man auch vielen anderen Nationalhymnen nachsagen. 1893 entstand die erste Version von „America the Beautiful", geschrieben hat es Katharine Lee Bates, noch unter dem Eindruck einer Besteigung des Pikes Peak stehend. Der gilt seitdem als Amerikas Berggipfel schlechthin und wird, obwohl bei weitem nicht die höchste Erhebung in den Rocky Mountains, von zahllosen Touristen besucht. Als kleines Entgegenkommen an die Gäste aus dem alten Europa sind die Höhenangaben auf den diversen Hinweisschildern entlang der Aufstiegsroute auch in metrischen Maßen angegeben. So muss man wenigstens nicht lange rechnen, um zu erfahren, dass der 14110 Fuß hohe Gipfel imposante 4300 Meter über dem Meeresspiegel liegt.

Ein gewaltiges Massiv. In Europa gibt es nur wenige Berge, die ähnlich hoch sind. Jedoch ist garantiert keiner darunter, der sich so unglaublich einfach erklimmen ließe: Die Vereinigten Staaten verstehen sich als eine mobile Nation, und deshalb ist es wohl mehr oder weniger eine Selbstverständlichkeit, dass der Gipfel des Pikes Peak mit hubraumstarken Vans, Pickups, Campern und sogar zweiradgetriebenen Limousinen zu bezwingen ist. Schon als der Wilde Westen noch richtig wild war, sind Siedler oder Farmer mit Planwagen fast bis hoch auf den Gipfel des Pikes Peak gefahren, so wie einst Katharine Lee Bates, bevor sie „America the Beautiful" schrieb.

20 Stunden dauerte die Expedition angeblich, was die Leute dort oben suchten, wird heute jedoch nicht so recht klar: Es gibt keine Siedlungen und Farmen auf diesem Berg, und auch Seen, an denen man vielleicht ein Wochenende lang angeln könnte, sucht man hier vergebens. Womöglich hofften ja einige, auf dem Weg in die Wolken einen dicken Nugget zu finden: Luftlinie sind es nur wenige Kilometer bis zu den verlasse-

◄◄ Zur Zeit des Wilden Westens brauchte man noch zwanzig Stunden auf den Gipfel des legendären Pikes Peak. Seit dem Ersten Weltkrieg liefern sich Trucks, Motorräder und andere Vehikel ein spannendes „Race to the Clouds" beim „Pikes Peak International Hill Climb".

▲ Mit PS-starken Renntrucks rasen mutige Piloten auf den Gipfel des Pikes Peak. Ein Heer von Mechanikern (und Freunden und Bekannten) kümmert sich um die Boliden. Seit über achtzig Jahren finden die Rennen statt. Inzwischen gehören sie zu den führenden Motorsportveranstaltungen der USA.

nen Claims nördlich von Cripple Creek. Dort durchwühlten Schürfer während des Goldrausches in Colorado in Höhen zwischen dreieinhalb- und viertausend Meter auf der fiebrigen Suche nach dem gelben Edelmetall die idyllischen Hochlagen der Rockies.

Irgendwann haben die Bürger von Colorado Springs wohl beschlossen, eine ordentliche, auf ihren Hausberg hinaufführende Straße zu bauen. Damit war der Gipfel einigermaßen bequem zu erreichen – und der nächste Schritt eigentlich schon eine nahezu logische Konsequenz: Man raste um die Wette auf den höchsten Punkt des Viertausenders.

Während in Europa der Erste Weltkrieg grausam wütete und den alten Kontinent verheerte, veranstalteten die Bewohner Colorados das erste „Race to the Clouds". Gut 20 Minuten benötigten die Pioniere in ihren schnellen Kisten damals für die zwölfeinhalb Meilen bzw. rund 20 Kilometer lange Strecke hinauf zum Gipfel, die Motorradfahrer brauchten knapp zwei Minuten mehr. Das war eine respektable Zeit, die auch heute mit einem „normalen" Fahrzeug kaum zu schaffen ist.

„Pikes Peak International Hill Climb" heißt das Rennen offiziell. Die Wettfahrt Richtung Wolken ist dank ihrer langen Historie zu einer der traditionsreichsten Motorsportveranstaltungen Amerikas geworden, und selbstverständlich ist die bereits über 80-mal ausgetragene Wettfahrt das wichtigste Bergrennen des Kontinents. Eine ganze Reihe berühmter Namen findet sich in den Ergebnislisten des PPIHC: Der deutsche Rallyekönig Walter Röhrl raste 1987 mit dem damals sensationellen Audi Quattro ebenso in Rekordzeit auf den Gipfel wie Michelle Mouton oder Ari Vatanen.

▲ Die Bestmarke für den 12,42-Meilen-Kurs liegt bei etwas über dreizehn Minuten. Mit über neunzig Sachen donnern die Trucks über die staubige Piste. Auf den schnellen Abschnitten schaffen die Ungetüme über 150 Sachen – wohlgemerkt nicht auf einer mit Fangzäunen geschützten Asphaltpiste.

Aber auch die leidenschaftlichen Trucker versuchen sich immer wieder an dem Berg: Profi-Stuntman Mike Ryan stürzte vor vielen Jahren mit einem Kleinflugzeug ab. Er überlebte den schweren Unfall, nur ein lädiertes Bein ist ihm davon geblieben. Mikes Liebe zu schnellen Trucks hat darunter jedoch keineswegs gelitten. Auf dem Bonneville-Salzsee liegt sein persönlicher Rekord mit dem Lastwagen bei 229 mph oder umgerechnet 366 km/h. Ryan gehört gewissermaßen zum festen Inventar des PPIHC, er geht in der Schwergewichtsklasse an den Start und scheint fast ein Abonnement auf den Gesamtsieg zu haben: zehnmal dabei, sieben Siege, seit 1997 – mit einer Ausnahme im Jahr 2001 – immer gewonnen.

Freightliner gehört ja bekanntlich „dem Daimler", und so ist es nicht weiter verwunderlich, was matt poliert unter der Hütte des stahlblauen Trucks hervorlugt: Der alte Mercedes-Rennmotor, der bis zum Ende des Engagements im „European Truck Racing Cup" die Superboliden mit dem Stern antrieb.

In Ryans Freightliner reizten die Techniker die Leistungsreserven des Motors wegen der Höhenlage nicht ganz aus, doch selbst rund 1250 PS sorgen für genügend Vortrieb auf dem Bergaufkurs. Auch das Getriebe kommt aus Europa – schließlich bilden das ZF-Automatikgetriebe und der V6-Motor eine in der Heimat der Komponenten vielfach bewährte Kombination, der auch Ryan schon eine Reihe Erfolge verdankt. Seine Bestmarke auf dem 12,42-Meilen-Kurs liegt bei 13:21.40 Minuten. Umgerechnet ergibt das einen Schnitt von knapp 91 km/h, wobei Ryan im schnellsten Streckenabschnitt mit 156 km/h unterwegs war: Wohlgemerkt nicht auf einer fangzaun- und leitplankenbewehrten Formel-1-Strecke, sondern auf einer holprigen, steilen Bergpiste mit 10-Prozent-Passagen, bei der sich über weite Strecken rechts oder links und nicht selten auch gleichzeitig auf beiden Seiten der unbefestigten Fahrbahn luftige Abgründe auftun, die erst ein paar hundert Meter tiefer enden.

Der Zeitplan des Bergrennens, der sich über eine ganze Woche erstreckt, folgt einem ausgeklügelten System. Die Betreiber der Bergstraße, die nur im unteren Teil asphaltiert ist, wollen natürlich auf das zahlende Publikum nicht verzichten. Deshalb finden Training und Qualifikation bereits in den frühen Morgenstunden statt, so dass die Touristen an diesen Tagen ab etwa neun Uhr wieder ungehinderten Zugang haben. Wer den wagemutigen Motorsportlern bei der Arbeit zusehen will, muss also zeitig aufstehen: Um vier Uhr morgens wird die Schranke an der Talstation der Mautstraße geöffnet und gut eine Stunde später wieder geschlossen. Ab sechs Uhr ist für zwei bis drei Stunden Rennbetrieb. Am eigentlichen Renntag – immer ein Samstag – suchen etliche tausend Besucher irgendwo zwischen Start und Gipfel einen günstigen Platz, von dem aus sie möglichst viele Windungen der steilen Bergstrecke überblicken können. Die Journalisten haben den entscheidenden Vorteil, vor den Zuschauern hochfahren zu dürfen – Parkplätze sind nämlich Mangelware auf dem Berg.

Nach einigen Stunden Wartezeit geht es los. Zuerst verschiedene Autoklassen, dann Quads und Motorräder. Am Nachmittag sollen Trucks und die so genannten *Open Wheels* folgen – abenteuerliche Konstruktionen, die an Buggys erinnern, trotzdem aber für die absolut schnellsten Zeiten gut sind. Doch gegen Mittag nimmt der Pikes Peak den Untertitel „Race to the Clouds" ein

▼ Nur ganze Männer wie der ehemalige Profi-Stuntman Mike Ryan (rechts) wagen sich auf den gefährlichen Bergkurs. Von zehn Rennen hat Mike sieben gewonnen – einsamer Rekord für die Hatz auf den Pikes Peak. Sein Freightliner schafft unfassbare 1250 PS – genug für so manche Rekordfahrt.

wenig zu wörtlich: Der Viertausender hüllt sich binnen weniger Minuten in ein schwarzgraues Wolkenkleid: Die Sicht beträgt keine zehn Meter mehr, violette Blitze illuminieren das Inferno, Donnerschläge lassen den Berg erzittern. Schleusen öffnen sich, und die wenigen Besucher aus Europa bekommen eine Ahnung davon, wie schnell sich hier im mittleren Westen der USA die berüchtigten Unwetter zusammenbrauen können. Innerhalb von ein paar Minuten überziehen erst Hagel und dann Schnee die höheren Lagen des Pikes Peak mit einer rund zehn Zentimeter dicken weißen Decke. An eine reguläre Fortsetzung des Rennens ist unter diesen Bedingungen nicht mehr zu denken.

Die Rennleitung berät sich und entscheidet schließlich, die ausstehenden Klassen nur bis Glen Cove fahren zu lassen, einer Art Mittelstation auf dem Weg zum Gipfel. Diese Station liegt auf 11 440 Fuß (3486 m) Höhe und markiert an diesem Tag in etwa die Grenzlinie zwischen Regen und Schnee.

Drei ausgewachsene Trucks passieren am Ende die schwarz-weiß-karierte Flagge in Glen Cove. Mike Ryans Freightliner überquert die provisorische Ziellinie mit einem gequälten Aufheulen, der Pilot – oder sein Getriebe – haben einen unpassenden Gang gewählt. Trotzdem reicht es zum Sieg über den feuerroten Kenworth von Bruce Canepa, der auf einen CAT-Motor vertraut, und den urigen Peterbilt von Mike Gibbons. Die Besucher in den höheren Regionen bekommen von all dem wenig mit – sie sind längst vor den Naturgewalten in ihre Autos geflüchtet und müssen ausharren, bis nach dem Ende des Rennbetriebs ein Schneepflug die Strecke wieder passierbar macht.

▼ Bruce Canepa vertraut auf einen gediegenen CAT-Motor. Gut behelmt gegen mögliche Gefahren und Erschütterungen meistert er den gefährlichen Kurs. Wie alle Fahrer muss er im Gebiet des Pikes Peak auf dramatische Klimawechsel gefasst sein. Das Wetter ändert sich innerhalb weniger Minuten.

76

76

RANDY'S

MICHELIN
MERITOR
WYOTECH
www.fastrucks.com
WYOTECH
SIRIUS

Ted Mancevich
9

MICHELIN

Der „Pikes Peak International Hill Climb" lockt jährlich viele tausend Zuschauer in die Pikes-Peak-Region. Am Pistenrand und an der Ziellinie jubeln sie den mutigen Teilnehmern zu. Nicht nur Truck-Racer wagen sich auf die kurvenreiche Strecke. Selbst Ralley-As Walter Röhrl war hier schon unterwegs. Das Rennen beginnt schon am frühen Morgen. Zuerst sind die Quads und Motorräder dran, am Nachmittag folgen die Trucks und die so genannten „Open Wheels". Zu dieser offenen Klasse gehören abenteuerliche Konstruktionen auf vier Rädern, die ganz entfernt an Wüstenbuggies erinnern. Diese Fahrzeuge schaffen meist die schnellsten Zeiten. Doch nicht selten macht der Wettergott den Teilnehmern einen Strich durch die Rechnung. Der Pikes Peak ist für seine raschen Klimawechsel bekannt, und nicht selten bringen Schnee oder Regen den Zeitplan durcheinander. Dann wird nur bis zur Mittelstation in immerhin 3486 Meter Höhe oder gar nicht mehr gefahren. Zu gefährlich wird der Kurs bei solchen Unwettern.

Festivals Wie Trucker Feste feiern

Festivalfieber

Trucker- und Countryfestivals gibt es seit dem Ende der 70er-Jahre. Mit großen Festivals wie in Birstein, Geiselwind, Kaunitz und Berg entwickelte sich die Szene zu einer regelrechten Subkultur.

„Zicke-Zacke, Zicke-Zacke: Truck, Truck, Truck!" Diesen Schlachtruf ließ Dieter Kniebaum auf den Festivals erschallen. Der legendäre Pächter des Kult-Autohofs in Berg, ein Freund der „Kutscher" und jahrelang in der Deutschen Trucker-Club-Gemeinschaft (DTCG) aktiv, gehörte zu den großen Machern der deutschen Festivalszene. Ohne ihn lief gar nichts. Und wenn er auf der Bühne stand und seine mitreißenden Ansprachen hielt, tobte das Zelt. Er kannte jeden Fahrer persönlich und hatte immer eine originelle Anekdote parat, wenn er einen Pokal überreichte. „Er war einer von uns", erinnert sich Sigi Reil, der schon auf den ersten Festivals dabei war.

Truckerfestivals gibt es seit den 70er-Jahren. Bereits 1979 gab es ein Fest, das für 500 Leute geplant war und von 5000 Besuchern geradezu überrannt wurde. „Da haben wir was losgetreten", stöhnten die Veranstalter. Wer konnte auch ahnen, dass sich aus diesem Fest eine waschechte Szene entwickeln sollte? Eine Subkultur, wie sogar der „Spiegel" schrieb, mit riesigen Volksfesten, auf denen chromblitzende Trucks zu den Attraktionen zählen.

So richtig los ging es dann 1981 in Geiselwind. Autohofbesitzer Toni Strohofer hatte wie so oft einen guten Riecher und veranstaltete ein „Trucker- & Countryfestival", das unzählige Schaulustige von der Autobahn anlockte. Für die schönsten Trucks gab es prächtige Pokale, und im 3000-Mann-Zelt wurde bis in den Morgen gefeiert.

Sigi gehörte zu den Stammgästen in Geiselwind. Auch „Mr. Felix 01" mit seinem aufgemotzten MAN und Jochen Hoere aus Kassel waren Pfingsten auf dem Autohof zu finden. Walter Binder mit seinem Steyr. Jochen

◄◄ Der Autohof Strohofer in Geiselwind gehört zu den Hochburgen der deutschen Trucker- und Countryszene. In der großen Mehrzweckhalle traten schon US-Stars wie Willie Nelson und die Bellamy Brothers auf.

▼ Als Truckschmuck ist erlaubt, was spektakulär oder unheimlich aussieht – so wie dieser Krieger, der vor einem Verkaufsstand auf mutige Käufer wartet.

▲ Festivalimpressionen: Trucker beim gemütlichen Plausch, ein angehendes Cowgirl auf dem mechanischen Bullen, zwei Westernhelden beim Fachsimpeln und ein junger Fan, der aus dem Staunen nicht herauskommt.

Mattern mit seiner „rollenden Bar“. Ulli Totzki, der füllige Doppelgänger des Brummi-Maskottchens. Uli Matus mit seinem Freightliner. Wico Stampfli, der ruhige Schweizer. Und Geiselwind blieb nicht das einzige Fest. In Berg ließ es Dieter Kniebaum ordentlich krachen. In Birstein stellten Norbert Gierhardt und seine Freunde das urigste Festival auf die Beine. In Wetzlar waren Klaus Beumer und der Fernfahrer-Club Gießen aktiv. Und Fritz Hofmann machte Mittelstetten zu einer angesehenen Adresse. 1986 wurde die Deutsche Trucker-Club-Gemeinschaft (DTCG) gegründet, ein eingetragener Verein, der einheitliche Klassen und Richtlinien für die Pokalwertung ausschrieb und dafür sorgte, dass der Festivalkalender übersichtlich blieb. Dieter Kniebaum und Klaus Werner gehörten zu den Männern der ersten Stunde, sie sorgten dafür, dass für die Angehörigen verunglückter Fernfahrer gespendet wurde.

Musikalisch schwor man auf deutsche Countrymusic. Eine Musik, die es in Bierzelten vorher nie gegeben hatte. Gunter Gabriel war der Held der Pionierzeit, sein „30-Tonner-Diesel“ der erste deutsche Truckersong überhaupt.

Die Fernfahrerballade behauptete sich sogar neben den einfältigen Mitklatschliedern in der ZDF-Hitparade. In seinem Fahrwasser folgten Truck Stop, die mit „Ich möchte so gern Dave Dudley hör'n" ihren ersten Hit hatten und sogar mit dem besungenen amerikanischen Altmeister auf Tournee gingen, und Tom Astor, der König der deutschen Trucker- und Countryszene. Mit „Hallo, guten Morgen Deutschland" gelang ihm der Durchbruch. Bei den Fahrern kam er vor allem mit Truckerliedern wie „Radwechsel" sehr gut an. Er textete für die Aktion „Brummis für Äthiopien" einen Song um, besang den Truckerpfarrer Peter Hofer und die legendäre Oma Hildegard. In den 90ern schaffte er es in die Hitparaden.

Inzwischen speckt die deutsche Trucker- und Countryszene deutlich ab. Vieles hat sich totgelaufen. „Immer dieselben Künstler und kaum neue Trucks", stöhnen manche. „Die Leute wollen nicht mehr so viel Geld ausgeben", meint Peter Wieduwilt, der Pressesprecher der DTCG. Er ist der Meinung vieler Fahrer: „Nur mit familiären Festen wie vor 20 Jahren haben wir noch eine Chance."

▲ Die meisten Fahrer wollen sich auf einem Festival nur vom Alltagsstress erholen – beim Grillen oder Plaudern. Doch die vielen Händler und der Gürtelmacher hoffen, dass ihre Kunden auch ein paar Euro lockermachen.

Und abends steppt der Bär – in der großen Mehrzweckhalle von Geiselwind und in den Bierzelten der zahlreichen anderen Trucker- und Countryfestivals. „Hoch die Tassen!" und „Countrymusic und Tanzen bis zum Umfallen!" lautet die Devise, und alle machen mit. Bis in den frühen Morgen wird auf den Festivals gefeiert, und weil man als „König der Landstraße" meist nur Kaffee trinken darf, lässt man beim Feiern auch mal fünfe gerade sein. Das Erstaunliche dabei: Auf Truckerfestivals kommt es kaum einmal zu einer Schlägerei. „Trucker sind angenehme Zeitgenossen", meinen auch Toni Strohofer, der Inhaber des größten deutschen Autohofs, und Moderatorin Angelika Demmerschmidt vom Privatsender Antenne Bayern. Sehr beliebt bei den Countryfans: „Line Dancing", ein Formationstanz, der sogar schon in Tanzschulen gelehrt wird. Da können auch ältere Semester mitmachen. Und auch Countrymusic, ob amerikanisch oder deutsch, spricht alle Altersklassen an.

Truckshows made in America

Auch amerikanische Fahrer sind stolz auf ihre Trucks. Viele Trucker motzen ihre Zugmaschinen mit funkelnden Chromteilen und möglichst spektakulären Airbrushmotiven auf und wetteifern auf den Show and Shine Contests der großen Truckshows und Festivals um wertvolle Sachpreise und Pokale. Oft finden die Veranstaltungen in Verbindung mit einer großen Truckmesse wie etwa der riesigen Las Vegas Truck Show statt, die jedes Jahr im Sommer einen Höhepunkt des Festivaljahres bildet.

◄◄ In Europa meist verboten, in den USA immer noch der Höhepunkt einer Truckshow: der Konvoi aller teilnehmenden Fahrzeuge durch die Stadt und die nähere Umgebung. Begeisterte Zuschauer säumen die Straßen und jubeln den Fahrern zu.

◄ Auch ohne farbenprächtige Airbrushmotive ist dieser Peterbilt ein „Hingucker". Dafür sorgen die zahlreichen Chromteile und die hochgezogenen Auspuffrohre.

KENWORTH
196
ED
URNS
& SONS
196
Dream Catcher

Charakteristisch für viele amerikanische Showtrucks: die abenteuerlichen Airbrushlackierungen und die für europäische Maßstäbe riesigen Schlafkabinen. Weil in Europa die Gesamtlänge (und nicht allein die Länge des Aufliegers) des Fahrzeugs beschänkt ist, sind solche großen Sleeper hierzulande nicht möglich. In den USA gehören sie zum Prestige jedes Fahrers. Manche Sleeper haben die Ausmaße eines mittelgroßen Schlafzimmers und sind mit Fernseher, DVD-Player, Kühlschrank und Mikrowelle ausgerüstet. Mehr als in Europa orientieren sich die Airbrusher an amerikanischen Motiven wie Western, Indianer und Canyonlandschaften des amerikanischen Südwestens. Im Gegensatz zu vielen europäischen Showtrucks sind aber nur wenige dieser prachtvollen Exemplare im täglichen Arbeitseinsatz, sondern nur auf Truckshows und Festivals zu sehen. Nur Firmen können sich einen so aufwändigen und teuren Schmuck leisten.

◀ Im strahlenden Licht der Festbeleuchtung kommen auch die Oldtimer zur Geltung. Die antiken Kenworths, Freightliners und Peterbilts gehören zu den Stars der Truckshows und sind ständig von begeisterten Fans umlagert.

◀ Mit einer Vielzahl von Lampen konkurriert dieser Peterbilt mit vielen hundert Konkurrenten auf der „Trucker Jamboree" in Walcott, Iowa. Die Truckshow auf dem „Iowa 80"-Truckstop gehört zu den größten Festivals des Landes.

▶ Mit einer prächtigen Festbeleuchtung und einem ausgefallenen Airbrushmuster sticht diese Zugmaschine aus der Masse heraus. Absolut pokalverdächtig.

▶ Mit dieser Festbeleuchtung kämen die amerikanischen Trucks auf einer europäischen Autobahn keinen Meter weit. Hierzulande gibt es strenge Beschränkungen.

Der Wettbewerb um das auffälligste und außergewöhnlichste Fahrzeug treibt auf den amerikanischen Truckshows immer neue Blüten. Der letzte Schrei sind Raketentrucks, mit Raketenmotoren angetriebene und speziell ausgestattete Zugmaschinen, die mit Rekordgeschwindigkeiten über die Asphaltpisten rasen. Ein Heer von Technikern betreut die sensiblen Boliden und die teuren Motoren. Aber auch mit „normalen" Race-Trucks lässt sich ein vortrefflicher „Burn-out" auf den Asphalt legen. Gegen solche Supertrucks fallen gewöhnliche Alltagstrucks natürlich ab, selbst wenn sie mit ultralangen Supersleepern ausgerüstet und kostbarer Fracht beladen sind. Amerikanische Truckshows sind mehrtägige Spektakel, meist eine gelungene Mischung aus Fachmesse, Truckrennen, Truckerfestival, Country-Konzert und Rahmenprogramm, ähnlich wie in Deutschland der Truck-Grand-Prix am Nürburgring. Die Zuschauer kommen von weither und feuern ihre Champions an.

Sharpie
1-888-GO-SMITH
Racing
To The Needs
INTERSTATE BATTERIES
NAPA
Truck-lite
TRW
ACCURIDE
AMERICAN TOOL & EQUIPMENT
CBA
www.smithtransport.com
DETROIT DIESEL
V-12 POWER

DETROIT DIESEL

SUBWAY
Pilot
EXIT NOW

Adressen

Deutsche Trucker-Club-Gemeinschaft
Peter Wieduwilt
Finkenschlag 39a • 90766 Fürth
Tel. 0911/734944
www.truckerclub-gemeinschaft.de

FernfahrerMagazin Trucker
Neumarkter Straße 18 • 81664 München
Tel. 089/4372-2387
www.trucker.de

Autohof Berg
Sabine Kniebaum
Sieggrubenstraße 5 • 95180 Berg
www.autohof-berg.de

Autohof Strohofer GmbH
Toni Strohofer
Scheinfelder Str. 15 • 96160 Geiselwind
Tel. 09556 / 18-0
www.autohof-strohofer.de

Autohof Rheinböllen
Heinz Elbert
Bahnhofstraße 53 • 55494 Rheinböllen
Tel. 06764/300-0
www.aral-autohof-elbert.de

Truck Store Niebel
Kaunitzerstr. 59
33758 Schloss Holte - Stukenbrock
Tel. 05207/927760
www.truck-store-niebel.com

Truckerclub Bergvagabunden
c/o Autohof Berg
Sabine Kniebaum
Sieggrubenstraße 5 • 95180 Berg

www.die-trucker-seite.de
Werner Breuer
Aiblinger Anger 8 • 85560 Ebersberg
Tel. 08092/857397

Truck-Driver Landshut
Hans Rott
Breslauerstraße 1 • 84028 Landshut
Tel. 0871/51815
www.Truck-Driver.gmxhome.de

Trucker-Club Lüneburger-Heide
Klaus Werner
Hansestraße 34 • 38112 Braunschweig
Tel. 0531/316184

Brummi-Club Fränkische Schweiz
Fridolin Häfner
Wimmelbacher Straße 4
91336 Heroldsbach
Tel. 09191/8665

Stiftländer Truckerfreunde
Armin Bannagott
Peuntstraße 58 • 95173 Schönwald
Tel. 09287/58113
Brummi-Club Weiden
Robert Hagn
Am Messnerbach 1 • 92637 Weiden
Tel. 0961/46496

Trucker-Club Stoipfalz
Jürgen Wernike
An der Hochleite 5
92237 Sulzbach-Rosenberg
Tel. 09661/4660

American Trucking Association
2200 Mill Road
Alexandria, VA 22314
Tel. 001-703-838-1700

American Trucker Magazine
7355 Woodland Drive
Indianapolis, IN 46278-1769

Road King Magazine
28 White Bridge Road
Suite 209
Nashville, TN 37205

Pro Trucker Magazine
P.O. Box 549
Roswell, GA 30077-0549

Bildnachweise

Tom Jeier: Seiten 17 oben, 20, 21, 22, 23, 63, 74, 75, 76, 77, 78, 79, 106, 107, 108, 109, 110, 112, 113, 114, 115, 116, 117, 118, 119, 120, 121, 122, 123, 124, 126, 127, 128, 129, 130, 132, 134, 135, 136, 137, 138, 139, 148, 149, 150, 151, 152, 153, 154, 155, 156, 157, 158, 159, 160, 161, 163 oben, 164, 165, 229, 230, 231
Richard Kienberger: Seiten 100, 101, 102, 103, 104, 105, 166, 167, 168, 169, 170, 171, 176, 177, 178, 179, 180, 181, 188, 189, 190, 191, 192, 193, 194, 195, 196, 197, 198, 199, 200, 201, 202, 203, 204, 205, 206, 207, 208, 209, 210, 211, 212, 213, 214, 215
Christian Heeb: Seiten 52, 54, 55, 70, 71, 72, 80, 81, 82, 83, 84, 85, 86, 87, 88, 89, 90, 91, 92, 93, 111
Henry R. Good: Seiten 94, 95, 96, 97, 98, 99, 144, 145, 146 links, 174, 175, 177, 216, 217, 218, 219, 220, 221, 222, 223
Daimler Chrysler: Seiten 9 oben, 10, 30, 31, 32, 33, 34, 35, 36, 37
Volvo: Seiten 7, 8, 46, 48, 49, 50, 51
Scania: Seiten 6, 9 unten, 38, 40, 41, 42, 43, 44, 45
MAN: Seiten 11, 24, 26, 27, 28, 29
Western Star: Seiten 12, 16 oben, 18 unten
Sterling: Seiten 13, 18 oben, 19 oben
Kenworth: Seiten 14 oben, 50, 52, 53, 54, 55
Freightliner: Seiten 14 unten, 16 unten, 17 unten, 19 unten, 56, 57, 58, 59, 60, 61
Peterbilt: Seite 15
Grane Trucking: Seiten 64, 66, 67, 68, 69
Sabine Kniebaum: Seite 131
Dixie Truckers Home: Seiten 133, 134
Iowa 80 Truckstop: Seiten 140, 141, 142, 143, 146 rechts, 147
Andi Martin: Seiten 162, 163, 164, 165 rechts

Ein herzliches Dankeschön allen Fahrern, Autohof-Besitzern und Industriefirmen, die mir Bildmaterial zur Verfügung gestellt haben.